六盘山生态旅游区人类旅游活动的
干扰响应与调控模拟

席建超　著

U0248369

科学出版社

北京

内 容 简 介

本书是作者多年来对游憩生态学研究工作的系统总结，其主体工作是在六盘山国家自然保护区内完成的。研究先后得到国家自然科学基金"六盘山生态旅游区敏感景观对人类旅游活动干扰的响应研究"和"六盘山生态旅游区水质变化对人类旅游活动干扰的动态响应及其模拟研究"两个项目资助。本书在充分吸收国内外关于旅游活动环境影响最新研究成果基础上，从"人-地"关系的双重视角，综合了多科学理论和方法，重点研究了生态旅游区人类旅游活动的干扰模式，敏感生态因子对人类旅游活动干扰的响应过程，以及两者之间的动态耦合关系，提出生态旅游区可持续发展的调控路径。本书初步构建了生态旅游区人类旅游干扰研究的一般科学范式，研究结论丰富了游憩生态学的基础理论和方法，同时也为旅游区生态环境合理利用和有效保护提供理论基础。

本书可作为从事旅游环境影响研究的科研教学人员，以及旅游大专院校研究生工具书，也可以作为生态旅游区规划建设、管理维护的管理工程技术人员的参考书。

图书在版编目（CIP）数据

六盘山生态旅游区人类旅游活动的干扰响应与调控模拟／席建超著.
—北京：科学出版社，2015.9
　ISBN 978-7-03-045553-6

Ⅰ.①六… Ⅱ.①席… Ⅲ.①六盘山–生态旅游–旅游区–生态环境–环境影响–研究 Ⅳ.①F592.743 ②X83

中国版本图书馆 CIP 数据核字(2015)第 206253 号

责任编辑：李秀伟　岳漫宇　田明霞／责任校对：胡小洁
责任印制：徐晓晨／封面设计：北京图阅盛世文化传媒有限公司

斜 学 出 版 社 出版

北京东黄城根北街 16 号
邮政编码：100717
http://www.sciencep.com

北京东华虎彩印刷有限公司 印刷

科学出版社发行　　各地新华书店经销

＊

2015 年 9 月第 一 版　　开本：720×1000 B5
2015 年 9 月第一次印刷　　印张：9
字数：172 000

定价：68.00 元

（如有印装质量问题，我社负责调换）

前　言

21 世纪人类正面临着全球环境变化和全球社会可持续发展的巨大挑战。最近几年，全球环境变化（GEC）研究愈加关注人类活动的作用。旅游业是当今世界发展最为迅速、前景最为广阔的新兴产业之一，这种趋势在中国旅游业发展表现更为显著，目前已经拥有了全球最大的入境旅游市场。未来 10 年，我国出境旅游人次将再翻一番。而且世界旅游组织的预测表明，在未来 15 年内，中国旅游人数预计每年增长 7.8%，并将于 2020 年成为世界第一大旅游目的地。作为人类历史上迄今为止最大规模的异地迁徙活动，显然，旅游业在促进区域社会经济快速发展的同时，也必然会对旅游区生态环境产生深远的影响。作为中国城市化不断加快进程中最后保留的绿地，旅游者大量涌入，最直接影响是对自然保护区原生态环境的冲击，这种影响因旅游活动时空节律性而表现更加突出。因此认识并确定旅游区在人类旅游活动干扰时产生脆弱性的动力学因素，研究人类旅游活动时空变化规律与生态旅游区环境响应过程间的耦合关系，预测其未来发展趋势，将成为生态旅游区进行合理开发和有效保护的重要理论基础。

对典型地区深入细致的剖析是科学研究的重要途径，也是学术研究的重要方法之一。本研究选择六盘山生态旅游区作为研究对象主要基于以下考虑：六盘山区是黄河支流泾河、清水河源头，也是黄土高原区重要生态涵养区，对旅游活动冲击较为敏感。而作为国家首个"国家级旅游扶贫示范区"，近年来旅游业发展迅猛，旅游生态环境影响开始凸显。因此，研究人类旅游活动干扰的作用机制，以及六盘山旅游区生态环境系统演变规律，对国内诸多同类型区域具有典型示范意义。研究可丰富游憩生态学的基本理论和方法，为六盘山生态旅游区生态环境保护提供科学基础，也有助于深化全球变化背景下人类活动对西北生态敏感区环境效应的认识和理解。

书中内容以作者近年来相关领域的科研结果为基础，大部分内容已在国内外重要期刊公开发表，本书对这些研究结果进行了较为系统地总结。全书共分 6 个主要部分，第 1 章，重点介绍研究背景、国内外研究进展，提出研究意义价值所在；第 2 章，重点分析研究了旅游区旅游活动干扰的主要方式及其环境影响；第 3 章，基于既成事实法和模拟实验法，重点研究了旅游步道对人类旅游活动干扰的响应；第 4 章，重点研究了旅游活动干扰对旅游水环境干扰及响应过程；第 5 章，重点进行了旅游水环境响应的系统模拟研究；第 6 章，结合研究成果，提出了旅游区生态环境可持续发展的系统调控路径。

本书研究受到作者主持的国家自然科学基金"六盘山生态旅游区敏感景观对人类旅游活动干扰的响应研究")和"六盘山生态旅游区水质变化对人类旅游活动干扰的动态响应及其模拟研究"两个项目的共同资助，在研究过程中，我的学生赵美凤硕士和武国柱硕士参与了大量野外调研工作。六盘山森林公园管理局对实地调研工作给予大力支持。在编写过程中，主要引用了本书作者的研究成果，同时也参考了相关领域的国内外文献，在此，向文献作者们致以真诚的谢意。正是因为有了他们的认可与支持，才有了本书的出版；藉本书出版之际，向为本书出版做出奉献的所有人员致以诚挚的谢意。

由于本书所涉及内容受研究范围、研究时间和作者水平所限，全书虽经仔细核对，但难免有不详与错误之处，诚请读者批评指正。

作　者
2015 年 8 月于中国科学院天地科学园

目　　录

第1章 绪　　论

1.1　研究目的和意义

21 世纪人类正面临着全球环境变化和全球社会可持续发展的巨大挑战。最近几年，全球环境变化（GEC）研究愈加关注人类活动的作用（刘燕华等，2004）。旅游业是当今世界发展最为迅速、前景最为广阔的新兴产业之一。世界旅游组织统计数据显示，2013 年全球国际旅游人数比 2012 年增长 5%，达到 10.87 亿人次。2013 年全球国际旅游收入由 2012 年的 1.078 万亿美元上升至 1.159 万亿美元。世界旅游组织（World Tourism Organization，WTO）发布的最新版《世界旅游趋势与展望》报告中预测，中国在未来几年，将继续引领全球出境游输出国市场，其中 2014 年的出境游增长率将达到 16%左右。全年旅游总收入可达 2.9 万亿元，国内旅游人数可达 32.5 亿人次，国内旅游收入可达 2.54 万亿元；出境旅游人数约 9730万人次；入境过夜人数约 5570 万人次，旅游外汇收入约 478 亿美元。新增旅游直接就业 50 多万人。据世界旅游组织数据，2013 年我国以近 1 亿人次出境旅游，成为世界第一大出境客源市场。同时我国也以境外旅游消费 1020 亿美元，超过美国和德国而成为世界第一。10 年前，我国在全球出境游消费的份额为 1%，这一数字在 2023 年将增长至 20%。未来 10 年，我国出境旅游人次将再翻一番。而且世界旅游组织的预测表明，在未来 15 年内，中国旅游人数预计每年增长 7.8%，预计到2020 年，中国将成为世界第一大旅游目的地。旅游活动成为人类历史上迄今为止最大规模的异地迁徙活动（UNEP，2012）。显然，旅游业在促进区域社会经济快速发展的同时，必然会对生态环境产生深远的影响。

自然保护区是人类社会不断加快的城市化进程中最后保留的绿地。随着旅游者的大量涌入，最直接的影响是对自然保护区原生生态环境产生冲击和破坏。中国人与生物圈国家委员会的调查显示：在我国已开展旅游活动的自然保护区中，有44%的保护区存在垃圾公害，12%出现水污染，11%有噪声污染，3%有空气污染。调查还显示，我国22%的自然保护区由于开展旅游而造成保护对象受损害，11%出现旅游资源退化，其整体发展态势令人忧虑（木禾，1999）。此外，人类活动的水环境效应问题也一直是全球研究的热点和前沿（联合国，2005；姜文来，2008；孙金华等，2006）。水质污染是我国面临的最主要的水环境问题（张德尧和程晓冰，2000）。作为短时段、区域性旅游区水环境变化的主要驱动因素之一，生态旅游作为目前自然保护区中最重要的人类社会经济活动，也是地表水和地下水的主要利用者之一。因近年来生态旅游的迅猛发展，许多管理措施尚不完善，生态旅游区水环境问题也较为突出。因此，认识并确定生态旅游区在人类旅游活动干扰时产生脆弱性的人力及地带的动力学因素，研究人类旅游活动时空变化规律与生态旅游区环境响应变化过程之间的耦合关系及其阈值，预测其未来发展趋势，将成为对生态旅游区进行合理开发和有效保护的重要理论基础。

对典型地区深入细致地剖析是科学研究的重要途径，也是地理学研究的重要方法之一。本研究选择六盘山生态旅游区作为研究对象主要基于以下考虑。①六盘山地处西北生态脆弱区，其生态环境对人类旅游活动冲击影响较为敏感。六盘山国家级自然保护区，气候具有大陆性季风特征，夏季高温多雨，冬季寒冷干燥，年平均气温 5.8℃，平均降水 680mm，年平均蒸发量约为 1481mm；降水主要集中在夏季，占全年的 70%~80%。径流年内分配不均匀，洪水、枯水流量相差悬殊，一般是夏丰（占 42.7%）、秋平（占 31.6%）、冬少（占 10.1%）。近年来，由于全球气候变暖的影响，流域降水减少趋势加剧，水量逐年减少，水质逐渐恶化，对人类活动的影响非常敏感。②六盘山旅游业发展迅速，旅游区生态环境污染问题日渐凸显。六盘山位于宁夏、甘肃、陕西交界地带，是我国西部黄土高原上的重要水源涵养林地、国家级自然保护区与国家森林公园，有黄土高原上的"绿岛"和"湿岛"之称。优越的区位条件使其成为辐射三省（自治区）的重要生态旅游区。自 2003 年被评为首个"国家级旅游扶贫示范区"以来，旅游业发展迅速，2008 年接待游客 86.94 万人次，实现国内旅游总收入 1.84 亿元。旅游业已成为保护区最主要的经济收入来源之一。在生态旅游区内，大规模旅游活动的开展，已经开始对景区部分景点环境产生诸多负面影响。另外，旅游区内水资源量丰沛，年径流量 2.1 亿 m^3，水资源总量并不匮乏。但因区内枯水期和丰水期季节性反差较大，加上旅游季节较短，活动较为集中，对区域水质影响和冲击较大。特别是近年来旅游区周边新建诸多宾馆饭店及乡村休闲度假旅游兴起，大量旅游生活污水和旅游污染物不断通过各种途径进入泾河景观水体中，水体富营养化的态势不断加剧。③六盘山区是黄河支流泾河、清水河等的源头，其旅游生态环境问题在国内同类型自然保护区中具有代表性。许多国家级自然保护区是我国主要大江大河的源头和重要的水源涵养区。同样，这些自然保护区也面临着人类无序旅游开发所引发的生态环境干扰问题。生态环境的干扰不仅关系到自然保护区自身可持续发展，更牵涉整个流域的生态环境综合管理问题。因此，深入细致研究六盘山生态旅游区水环境系统的演变机制，对国内诸多同类型自然保护区水环境的利用和保护具有典型示范意义。

有鉴于此，本研究认为对六盘山生态旅游区旅游水质变化进行模拟研究具有重要的理论意义和实际应用价值。本研究可丰富旅游生态学的基础理论和研究方法，为六盘山生态旅游区生态环境保护提供理论基础，为生态旅游区管理提供科学依据，同时有助于深化全球变化背景下人类活动对西北生态敏感区环境效应的认识和理解。

1.2　国内外研究进展

1.2.1　国外进展

旅游活动与环境休戚相关。环境是旅游活动赖以发展的基础，旅游活动不可避免地对自然环境、人文环境产生积极或消极的影响（保继刚等，1993）。旅游环境影响研究在空间尺度上包括全球尺度、区域尺度和旅游景区（点）3 个层面。例如，Gossling（2002）研究旅游活动对全球环境变化的影响直接体现在区域土地覆盖和土地利用的变化，能源利用及其相关影响，生物跨区域迁徙障碍，野生物种的灭绝、疾病的传播与扩散，以及对环境认知在心理和认识上的转变 5 个方面，并认为这些影响最终带来的环境变化将通过局部的或个体的方式与全球环境变化总体趋势相叠加。在区域尺度上，如席建超等（2004）研究了由旅游活动所引发的区域生态赤字问题；在旅游景区尺度上，相关研究主要集中在旅游活动对植被、土壤、动物、水体、空气、地形与生态系统等的影响（Ceballos-Lascurain，1996）。总体来看，已有研究大多探讨旅游活动对环境的消极影响，积极影响探讨相对较少；研究区域大多集中在旅游景区等较小范围内，较大区域研究相对较少（保继刚等，1993）。

最早关于旅游景区环境影响的研究始于 20 世纪 20 年代末，由美国学者 Meinecke（1928）开展。然而，直到 1935 年，Bates 的工作才使旅游环境影响研究取得了突破性进展，他关于旅游活动对土壤和植被研究所采用的理论与方法为后续研究奠定了坚实的基础（Bates，1935，1938）。当然在其后研究中，许多学者也作出了自己的贡献，如英国学者 Bayfield（1979）、Goldsmith 等（1970）与 Liddle（1975），美国学者 Cole（1988）、Kuss 和 Morgan（1980）、Sun 和 Liddle（1993a）等。Liddle（1991）对旅游活动践踏对沙丘植被与土壤结构影响的研究比早期研究成果更进一步，并提出应该在全世界范围内拓展此项工作。Cole（1978，1988）构建了关于旅游活动和野外露营对山地型旅游区环境影响的知识体系；Kuss 和 Morgan（1980）、Kuss 和 Hall（1991）研究了在旅游活动干扰下土壤结构动态变化过程，探讨了如何预测未来土壤走向脆弱的方法。Liddle（1988）提出了旅游环境影响理论，认为对于人类旅游活动的影响，生态系统存在着一定的抗干扰能力，并具有一定的恢复机制。Sun（1992）、Liddle（1991）及 Sun 和 Liddle（1993c）以实地试验为基础，发展和完善了旅游环境影响理论。Cole 和 Bayfield（1993）采用践踏试验（控制人类旅游活动行为）来比较不同试验结果的差异。为了给森林公园管理提供科学依据，Waston 等（1993）在美国加利福尼亚对 Sierra（雪乐山）和 Inyo（因约）国家森林公园针对徒步旅行和骑马旅游活动对环境的影响进行集中试验研究，以此为基础提出了能够管理和预测旅游活动环境影响的动态计量模型。

旅游水环境影响研究是旅游环境影响研究的重点领域之一（Ceballos-Lascurain，1996）。最早的研究出现在 20 世纪 60 年代，伴随着旅游环境问题的出现，旅游对水体的污染开始受到国外学者广泛关注，其研究主要集中在旅游活动对旅游区水质和水量影响方面（王群等，2005）。Hunter 和 Green（1995）指出污水污染是大众旅游业发展最主要的不利影响因素。旅游活动引发的水环境污染也是旅游区生态环境退化的主要原因（Lal，1984；Henry，1988；Becheri，1991；Andronickou，1987；Smith and Jenner，1989；Green and Hunter，1992），其中游船排放汽油、柴油、有机和无机废物的影响是重要原因（Grenon and Batisse，1989；Tananone，1990）。旅游业发展对旅游地下水资源带来深远影响。例如，Tananone（1990）报道了泰国因高尔夫球场大量使用杀虫剂和化肥而造成地下水污染的问题；地下水的过度抽取还会导致季节性降水减少、海水入侵、地下水位下降、海平面上升，引发洪水、地面下沉、水质恶化等问题（German，1997；Kocasoy，1989）。此外，水资源农转非也引发一系列问题，如突尼斯农业用水转为海滨地区的旅游业用水，导致一些地区土壤干化，不可耕种，最后不得不被抛弃（Kocasoy，1989；联合国，2005）。水体污染反过来又制约了旅游业发展，造成了当地污染加重，降低了当地旅游形象，进而阻碍了当地旅游业发展进程。Bywater（1991）在亚得里亚海域中北部其他地区也发现旅游者数量急速下降的趋势。水体污染还严重影响居民和游客身体健康。

20 世纪七八十年代有学者开始关注旅游区水资源供需矛盾及所引发区域水资源潜在危机问题（Kent et al.，2002）。相关研究主要集中在休闲度假领域，如海滨地区旅游人口的不断增加，需要大量的淡水供应，且需水时空变化不均，对用水量影响最大。1975 年，Scherb 调查地中海地区海滨野营地用水为 1451t/天，Grenon 和 Batisse（1989）指出 1984 年其用水已增长至 2501t/天，而当地居民每人最多只消费水 70L。Jackson（1984）研究发现加勒比海地区平均每位游客用水是当地居民的 3 倍。Holder（1988）也指出了加勒比海度假地旅游者和居民高质饮用水缺乏所导致的一系列后果，其后面连锁反应直接损害了海底生物系统。滑雪度假地人工造雪，需要成千上万升淡水，这些淡水从湖泊中提取，毁坏了湖泊生态系统。Romeril（1989）指出由于大量的淡水用于造雪，减少了河流、湖泊水量，改变了河道生态，不能渗透的碎石和混凝土代替了自然土壤，导致洪水冲刷更为严重。Tyler（1989）强调了进入地中海的污水对旅游者和当地居民健康的危害，随着公众健康意识增强，沙滩度假的吸引力逐渐削弱。此外，Kocasoy（1989）在土耳其度假地进行健康调查发现，旅游旺季时，外国游客和儿童游泳时易于感染与污染有关的疾病。如此的影响和相应的结果可能造成旅游度假地的旅游活动相应减少。另外，自然环境中水资源的减少也降低了旅游景区（如湿地，这是旅游产品多样化的一种重要旅游资源）的价值，缩短了旅游地生命周期，进入停滞期甚至消亡期。此外，还有许多学者提出旅游地水环境管理对策主要有管理政策、技术措施、经济措施和教育措施等（Halcrow，1994；Smith，1997；Morris and Dickionson，1987）。此外，旅游环境影响研究作为旅游区环境容量的基础理论依据，也推动了旅游环境容量的研究。作为衡量人类旅游活动对环境影响的阈值研究，对其内涵、量测标准和方法进行探讨的研究时有报道（Doxy，1975；Getz，1982）。相关案例研究也不断出现（Kim，1997；Lee，1997）。近年来随着相关研究不断发展，国外对旅游环境容量研究逐渐形成了从理论框架到管理工具的演变，旅游环境容量管理在生态旅游区资源管理中发挥了巨大作用。

1.2.2　国内进展

我国旅游业起步晚，直到 20 世纪 80 年代初才有学者开始介入此领域的研究。例如，台湾学者刘儒渊和曾家琳（2006）在塔塔山国家公园等地进行了长达 10 余年的定点定位观测试验，得出了较为系统的研究成果；宋力夫等（1985）研究了京津地区旅游生态环境的演变；保继刚等（1987）对颐和园旅游环境容量进行了探讨；汪嘉熙（1986）对苏州园林生态环境进行了研究等。90 年代，旅游业快速发展，旅游生态学研究逐渐受到国内旅游学术界的广泛重视，并一度成为研究的热点，出现了两本《旅游环境学》教材（王湘，2001；颜文洪和张朝枝，2005）和《旅游环境保护概论》（林越英，1999）、《风景旅游区的保护与管理》（崔凤军，2001）等专著及大量研究文章，如刘振礼（1992）对旅游接待地社会影响及对策的研究，蒋文举等（1996）分析旅游对峨眉山生态环境的影响及保护对策，李贞等（1998）研究旅游开发对丹霞山植被的影响，刘赵平（1998）以野三坡为例研究旅游对接待地的社会文化影响，程占红等（2004）、刘鸿雁和张金海（1997）、管东生等（1999）初步研究了旅游活动对景区植被与土壤的影响，谭周进等（2005，2006）对土壤酶及微生物作用强度及碳、氮、磷影响的研究等，孙玉军等（2001）探讨景区索道对环境的影响及其管理，王宪礼等（1999）在长白山自然保护区做的专题研究，程占红等（2002）对芦芽山自然保护区旅游活动对生态环境影响进行全面研究。对于人类旅游活动与旅游区环境临界阈值的研究，主要表现在旅游环境容量方面，有不少研究报道，在概念体系与量测模型方面的成果较为突出（楚义芳，1991；崔凤军，1998），有一定的应用价值，并有一些案例研究（吴长年等，1998；孙玉军，2000；刘玲，2000）。

旅游水环境影响研究在20世纪80年代初才有学者开始介入此领域进行研究，如宋力夫等（1985）、保继刚等（1986）等对旅游区环境演变及环境容量的研究中曾经涉及水污染问题。旅游水环境影响研究在《旅游环境学》教材和《旅游环境保护概论》、《风景旅游区的保护与管理》等专著也有提及，更多学者开始关注旅游水环境研究工作（林越英，1999；蒋文举等，1996；王宪礼等，1999；程占红和张金屯，2002；程占红等，2003；席建超等，2008a，2008b；武国柱等，2008）。在这些论著和文章中，水环境也是旅游环境影响关注的重点对象之一，但是上述成果基本上以定性的描述为主，并未做深入探究。真正对旅游水环境专题的研究直到2002年才开始有学者介入。全华等（2002）报道了张家界国家森林公园水环境演变趋势，并建立了基于环境脆弱因子的阈值模型。杨桂华等（2002）以滇西北碧塔海自然保护区为例对生态旅游的大气及水环境效应进行了研究；王群等（2007）以牯牛降旅游景区（观音堂核心景区）、普陀山旅游景区、黄山旅游景区3个不同发展阶段的山岳型旅游地为案例，提出了山岳型水环境管理模式。范弢（2007）、宁宝英和何元庆（2007）研究了古城丽江旅游对水环境的影响问题，认为水环境是丽江世界文化遗产地生态地质环境的重要组成部分。但是旅游活动也引发了古城水污染加剧、水资源量衰减、景观生态用水不足和景观水质下降等问题。总体来看，国内旅游水环境的研究主要有以下特点：①在研究切入点上，国内学者从旅游与环境共生存的系统角度，全面分析了旅游与水质水量的关系，并按照"发现问题—分析问题—解决问题—实施对策—监督管理—改进优化"的研究链进行（王群等，2005）；②在研究对象区域选择上，对生态敏感区，如干旱半干旱、海滨、岛屿、山岳和极低地等高度关注也成为研究的一大特点；③在研究方法上，田野调查、问卷调查、访谈法、比较法和抽样分析等得到广泛应用，而地理学分析法、大气环流模式（GCM）、3S技术也有涉猎；④在研究结论上，注重与管理实践相结合，在管理对策研究和实践运用方面取得较大进展。

1. 已有水质模型研究进展

水质模型涉及水环境科学的很多基本理论和水污染控制的实际问题，污染物在水环境中的迁移、转化和归宿研究的深入，以及数学手段和计算机技术在水环境研究中的应用推动了水质模型在旅游水环境中的应用不断发展。污染物进入水体后，首先随水流迁移，在这个过程中受到水力、水文、物化等这些因素的影响，进而发生迁移、混合、稀释和降解作用。水质模型的目的就是把这些相互制约的因素之间的定量关系确定下来，准确预测水体的水质从而为水质的规划控制及管理提供技术支持。

1）水质模型产生和发展阶段

水质模型的形成和发展已经经历了半个多世纪，大致可以分为以下 3 个发展阶段（金蜡华和徐峰俊，2004）。

第一阶段（20 世纪 20 年代中期至 70 年代初期）：在这一阶段中，水质模型的研究处于最初时期，研究对象仅是水体水质本身，Streeter 和 Phelps 共同研究并提出了第一个水质模型，后来科学家在其基础上成功地将 BOD-OD 模型运用在水质预测等方面。

第二阶段（20 世纪 70 年代初期至 80 年代中期）：在 S-P 模型的基础上有了新的发展，将其用于比较复杂的系统。这是水质模型的迅速发展阶段，特点是状态变量（水质组分）的数量逐渐增长；在多维模型系统中纳入了水动力模型；将底泥等作用纳入了模型内部；与流域模型进行连接，以使面源污染能被连入初始输入；开始出现了多维模拟、形态模拟、多介质模拟、动态模拟等多种模型研究，代表模型有一维动态模型 LAKECO、WRMMS、动态模型 WASP，能进行一维、二维、三维动态水质模拟。

第三阶段（20 世纪 80 年代中期至今）：是水质模型研究的深化、完善与广泛应用的阶段。这个阶段模型的主要特点有：正式出现完善的多介质模型，代表模型有 QUAL 系列模型、动态 WASP 模型等，特别是 WASP 模型在此阶段得到进一步更新，适用于河流、水库、湖泊、河口、海岸等多种区域；考虑水质模型与面源模型的对接；多种新技术方法，如随机数学、模糊数学、人工神经网络、3S 技术引入水质模型研究。

2）主要水质模型简介

主要水质模型见表 1.1。

2. 旅游区水质变化模拟研究进展

20 世纪 60 年代末，国外学者在旅游环境影响评价研究中曾经涉及旅游区水质评价。20 世纪 70 年代，部分学者使用传统水质指标评价方法，对国家公园、自然保护区等生态环境敏感区域进行水质评价，但未考虑旅游活动的影响（Silsbee and Larson，1982；Farag et al.，2001；Cabell et al.，1983；Ronald，1982；Kling et al.，1987）。Silsbee 和 Larson（1982）对美国田纳西州大烟山国家公园河流水质在 1977 年 10 月至次年 9 月时段内、28 个采样点氮、磷等 16 项水质指标进行了调查评价。Farag 等（2001）调查分析了美国大提顿国家公园两个高强度人类活动地区水样中大肠菌群、蓝氏贾第鞭毛虫、球虫等指标的变化。随着休闲度假业的日渐兴起，国外学者关注旅游水环境质量的适宜性评价，并注重旅游水质与旅游需求的关系。

表 1.1　国际上比较流行的水质模型

模型名称	开发团队	维数	稳态或非稳态	适用领域	特点	国内应用实例
MIKE系列	丹麦水动力研究所（DHI）	1-D 2-D 3-D	稳态和非稳态	河流和渠道河流、沿海水流和海洋河流、沿海水流和深海	可广泛地应用于河流、湖泊、河口和海岸河流的水动力模拟，但是难以进行小尺寸局部水工建筑物的绕流模拟	苏州河（朱宜平等，2007）、长江口（江霜英等，2008）
WASP	美国环保署（UNEPA）	1-D 2-D 3-D	稳态和非稳态	河流、湖泊、河口、水库	可模拟常规污染物和有毒有机物、重金属，常应用于富营养化问题；灵活性好，可与其他水动力程序相连；可与GIS集成	奥林匹克森林公园（佟庆远等，2006）、三峡（孙学成等，2003）、陈行水库（刘登国等，2005）、汉江（杨家宽等，2005）
Delft3D	荷兰代尔夫特水动力研究所	1-D 2-D 3-D	稳态和非稳态	河流、湖泊、河口、水库	支持曲面格式，可以精确地进行大尺度的水流、水动力、波浪、泥沙、水质和生态的计算；可与GIS集成，Matlab环境结合	渤海湾（储鏖，2004）、鳌江口（左书华，2007）、长江口（黄坚等，2003；刘成等，2003）、大鹏湾（栗苏文等，2005）
EFDC	美国威廉玛丽大学（VIMS）美国环保署（UNEPA）	3-D	非稳态	河流、湖泊、水库、湿地	在水动力模拟方面有突出优势；可以模拟多种水动力过程；模拟精度已达到相当高的水平。但是对输入数据的要求非常高	虎门太平水道航道（李瑞杰等，2003）、滇池（陈异晖，2005）
QUAL2E	美国环保署（UNEPA）	1-D	稳态	水系、渠道	用于模拟混合良好的河川和湖泊，可按用户希望的任意组合方式模拟15种水质组分；将河流系统划分为一系列恒定非均匀流的河段；可进行不确定性分析	津江（赵新华等，2005）、富春江（方晓波等，2007）
BASINS	美国环保署（USEPA）	模型系统	稳态	水系、河流、渠道	基于GIS环境，集流域分析、评价、总量控制、污染治理与费用效益分析等于一体	滇池（邢可霞等，2004）

Cabell 等（1983）结合水质指标和游客健康风险建立了海滨度假区水质标准体系。Ronald（1982）运用旅行成本法，分析了由于区域水环境质量的提高，垂钓、露营、游船、游泳等娱乐项目达到相应的水质要求，从而使得游客数量增加。

2000 年以后，旅游水环境系统被认定是社会-生态耦合系统，部分学者从人地关系的角度对水质变化进行系统模拟，以解决旅游活动和水环境污染之间的矛盾。Manfredi 等（2010）分析了由于尼泊尔萨加玛塔国家公园及其缓冲区旅游者和当地居民增多，从而导致固体废弃物增加，进而引发水质变化的过程。运用参与式模拟方法（participatory modeling）建立了固体废弃物-水质管理概念模型，使用 Cmap Tools 和 Simile 软件进行定量模拟，提出最优旅游管理措施。

国内旅游水质变化模拟研究起步较晚。20 世纪 80 年代，有学者开始介入此领域进行研究，基本以定性描述为主。直到 20 世纪 80 年代末，部分学者开始运用传统水质评价方法，如污染指数法、模糊综合评价法、评分加权叠加法、底栖大型无脊椎动物科级生物指数法等，对旅游区水环境质量进行评价（陈治伟，1989）。

陈治伟（1989）采用综合指数法对统景旅游景区水质进行了评价。李向农等（1996）选取 7 个水质指标，采用评分加权叠加法对泰安市水体质量进行了监测和评价。黄恢柏等（2002）利用水质综合污染指数对庐山自然保护区核心区 9 个主要水体进行了水质评价，同时利用底栖大型无脊椎动物科级生物指数法进行评价。卜跃先和柴铭（2001）运用水污染损失率法，对洞庭湖水体使用功能损害程度进行评价。彭瑞琦等采取水质单因子污染指数法和水质综合污染指数法等评价了镜泊湖水质。2005 年，部分学者开始将传统水质模型，如 QUAL2E 模型、WASP 模型等，应用于旅游水环境模拟，研究区域集中在城市景观水系。赵新华等（2005）应用 QUAL2E 模型建立了津河（景观河流）水质模型，模拟和预测津河的水质，提出了津河水污染的控制措施。佟庆远等（2006）通过搭建 EFDC-WASP 耦合二维水动力学——水质模型，对奥林匹克森林公园水系进行模拟研究，从而提出维持水量和水质保障的最优工程技术方案。李旭（2009）应用 WASP 模型对曲江池遗址公园水体水质进行模拟预测，提出改善城市人工景观水体的技术方法。

1.2.3 小结与讨论

总体而言，相对于国外对旅游环境影响的研究，国内研究无论在研究深度还是广度上仍存在较大差距。总结归纳现有研究成果，主要存在以下 3 个方面不足。

（1）研究主要集中关注现代旅游活动对旅游景区生态环境的影响，而对旅游景区自身生态健康弹性响应机制缺少足够的重视。根据旅游环境影响理论（Liddle，1988），人类旅游活动干扰与旅游区生态系统两者间存在着良好的反馈机制。人类旅游活动干扰会对生态旅游区环境带来一定负面影响，但同时旅游区本身也存在一定的抗干扰弹性机制，并且因人类旅游活动在生态旅游区内年际时空规律性差异（如旅游活动淡季与旺季、旅游活动不同地域集聚上的差异等）而得以强化。所以从揭示生态系统敏感性出发，研究生态旅游区敏感景观的弹性机制和水环境自身的健康响应阈值是非常必要的，目前一直被国内外研究者所忽视。通常生态系统本身都具有较强的自我维持与自我调节能力，也就是生态系统的"弹性力"大小。Liddle（1997）提出的旅游环境响应理论也指出旅游区生态系统对人类旅游活动存在着良好的反馈机制。

（2）研究主要集中关注人类旅游活动干扰下旅游景区（点）"截面"静态影响，而对在时间序列下人类旅游活动干扰变化与自然景区的动态响应过程研究较少。旅游活动对环境影响大多是渐变的。旅游景区环境质量的变化是动态过程，现有研究从静态角度研究旅游环境影响及旅游环境容量显然难以得出较为信服的结论。旅游区内水环境容量是随各种因素条件而变化的。例如，人类旅游活动季节性差异会引起旅游水质污染排放种类和数量的变化；在一年中的不同季节，水量变化也会造成水环境容量的较大变化，如丰水期、平水期和枯水期的旅游区水环境容量就不相同，因此，静态的"截面"水质效应研究显然难以把握旅游区水质动态响应过程的全貌。

（3）研究主要集中关注旅游景区（点）理论研究，有针对性的案例研究较少。对旅游景区环境影响研究，由于地理时间与空间上的差异，其景观构成及其敏感要素存在较大差异，很难"一言以蔽之"。正如一些学者认为的那样，"现有旅游环境容量测定，理论参数繁多，实践中无法取得有效的规范性成果，对旅游区开发和管理的指导意义不大"（戴学军等，2002）。因此，选择典型区域，通过开展科学试验跟踪研究，将极大地丰富现有理论研究成果，同时也使研究结论更符合旅游管理要求。相对于国外旅游水环境影响研究，国内研究基本属于起步阶段。研究成果不仅数量少，而且无论在研究深度上还是广度上仍存在较大差距。这是因为，我国旅游业发展整体处于观光旅游向休闲度假旅游的转型升级阶段，旅游区水环境影响主要集中在水质污染方面，大规模的休闲度假引发的旅游区水量减少问题并不突出。

1.3　研究方法和技术路线

1.3.1　研究方法

本研究主要采用实地考察和资料查询相结合，分时段定点定位监测和室内实验分析相结合，数理统计方法和数值模拟相结合等方法，以旅游地理学为基础，采用水文生态学、环境科学、资源科学、系统科学等作为学科的方法和手段进行综合集成，从而实现项目的科学研究目标。在具体方法研究上，体现以下特点。

实地考察和资料查询相结合。重点采取实地调查、问卷调查、访谈的方法。全面调查和搜集人类旅游活动干扰的主要类型及其作用方式。其中重点关注两种旅游方式（休闲度假和观光旅游）中旅游污染物的种类、产生量、排放量及其去向的数据和信息及自然保护水环境响应的相关信息。主要包括：①基础信息资料，水系分布、流域高程等基础地理信息；流量、流速等水文资料；气温、风向、云量等气象数据；人口、收入、村庄布局等区域社会经济发展数据。②旅游业发展相关数据，主要包括旅游市场数据，如旅游接待规模、地域特征、消费行为和偏好等数据；旅游区基础设施规划布局及其基本规模数据，重点包括研究区内宾馆、饭店、乡村旅馆、游客服务中心等休闲接待服务设施等级、规模等数据。

分时段定点定位监测和室内实验分析相结合。选择旅游区水系的不同河流断面，在旅游季节进行分时段定点定位监测，搜集水环境效应重点变化数据，通过室内实验进行综合分析。搜集主要水环境变化数据，包括：①水环境污染数据，包括 2001~2007 年的主要旅游区水系控断面水质监测数据；旅游水环境功能区划；"点源"与"非点源"污染排放数据及污染排放的预测等；监测河段附近地形图，河道水系图，水位、流量、气象资料及污染源调查表等数据信息。②旅游步道因游憩使用常造成各种不同形态与程度的冲击，而导致旅游步道恶化（trail deterioration）的现象，包括旅游步道分生（trail proliferation）形成多条平行小径（parallel multiple tread）、植群消失或组成改变、土壤紧压化（soil compaction）、旅游步道加宽（soil widening）及旅游步道冲蚀（trail erosion）等问题，不但破坏了游憩环境质量，而且造成游客的视觉冲击而影响其游憩体验。有关旅游活动对旅游步道沿线生态冲击的研究，常以下列 3 种方式进行：既成事实分析法（after-the-fact analysis）、对改变现象作长期监视（monitoring of change through time）及模拟试验（simulation experiment）。以上 3 种游憩冲击研究法，均以环境实体为调查对象，包括天然植群、土壤、野生动物、空气及水资源等，观察的样品采用遭受冲击、未遭受冲击或遭受不同使用量及冲击的样区，加以对照比较。在国内已开放的生态旅游地，如欲在短期内对各旅游步道的游憩冲击效应有所了解，应施行各项防治措施，可采用"既成事实分析法"方法进行调查研究。只有有效掌控游憩冲击程度，维护游憩环境质量，才有可能在人力及经费许可下，进行定期的冲击监测作业。同时，从生态旅游活动干扰方面看，常被用来作为评估旅游步道环境改变的监测技术可概略地区分为 3 种类型，包括旅游步道分段小样本的重复测量（replicable measurement）、大尺度取样的快速调查（rapid survey sample），以及完整的旅游步道状况的普查技术（census technique）等。此外在某些情况下，航空摄影（aerial photography）也是重要方式。

数理统计方法和数值模拟相结合。以数理统计方法确定两者间的动态响应关系，并构建数学模型对水环境对人类旅游活动干扰过程响应的机制进行数值模拟，进行旅游区水质变化的时空分布规律特征分析及情景预测分析等。

归纳和演绎相结合。分析国内外旅游水环境管理经验，提出六盘山生态旅游区水环境管理的具体措施。

1.3.2 研究技术路线

（1）基础信息资料获取。通过各种手段，收集获取与本研究相关的各类第一手和第二手资料，构建基础信息数据库（图 1.1）。

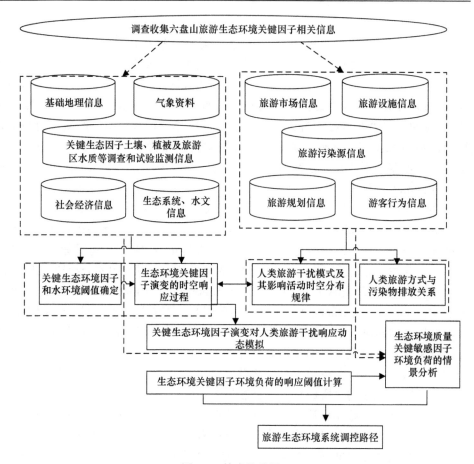

图 1.1 技术路线图

（2）人类旅游活动干扰方式和强度的实地调研统计。通过实地调查、问卷调查、访谈、文字历史资料分析、统计分析等方式获取人类不同旅游方式（休闲度假旅游和观光旅游）对关键生态环境因子影响的作用方式和作用强度，调查统计在不同时空范围内旅游活动干扰的频度和强度。

（3）旅游区生态环境因子基础评价与定点监测分析。选择未受人类干扰旅游区对照区域；采取实地调查方法，确定旅游活动对步道的干扰程度；采用单因子水质评价方法进行水质评价，确定主要超标污染因子；结合人类旅游季节性规划和水环境污染物排放规律，进行定点监测。

（4）关键生态环境因子对人类旅游活动的响应模拟模型构建。确定进行水质模拟的水系河段，对其进行模拟河段划分，初步建立旅游水环境与人类旅游活动的响应模型，对模型进行校验和参数修正。调整河段划分、模型参数、污染排放输入方式，对模型进行校正；对比模拟结果和实测数据，验证模型。

（5）旅游区关键生态环境因子及水质响应阈值计算与情景分析。基于评估模型，结合水环境水质达标要求，用试错法反复调整水质的污染负荷，预测不同情况下水环境容量。

（6）旅游区水环境系统调控路径选择。基于关键生态环境因子和水质动态演变研究，选择六盘山生态旅游区旅游生态环境系统调控路径，以实现旅游区的可持续发展。

参 考 文 献

保继刚. 1987. 颐和园旅游环境容量研究[J]. 中国环境科学, 7(2): 32~38.

保继刚, 楚义芳, 彭华. 1993. 旅游地理学[M]. 北京: 高等教育出版社.

卜跃先, 柴铭. 2001. 洞庭湖水污染环境经济损害初步评价[J]. 人民长江, (4): 27~28, 36~48.

陈异晖. 2005. 基于 EFDC 模型的滇池水质模拟[J]. 云南环境科学, 4(4): 28~30.

陈治伟. 1989. 统景风景区水环境质量调查评价[J]. 重庆师范学院学报(自然科学版), 6(3): 25~38.

程占红, 张金屯. 2002. 芦芽山生态旅游植被景观特征与地理因子的相关分析[J], 生态学报, (02): 278~284.

程占红, 张金屯, 上官铁梁. 2003. 芦芽山自然保护区旅游开发与植被环境关系——旅游影响系数及指标分析[J]. 生态学报, (04): 703~711.

程占红, 张金屯, 上官铁梁, 等. 2002. 芦芽山自然保护区旅游开发与植被环境的关系 Ⅰ. 植被环境质量分析[J]. 生态学报, 2(10): 1765~1773.

程占红, 张金屯, 张峰. 2004. 不同旅游干扰下草甸种群生态优势度的差异[J]. 西北植物学报, 24(8): 1476~1479.

储鏖. 2004. Delft 3D 在天文潮与风暴潮耦合数值模拟中的应用[J]. 海洋预报, 21(3): 29~36.

楚义芳. 1991. 旅游地开发评价研究[J]. 地理学报, 46(4): 396~404.

崔凤军. 1998. 旅游环境研究的几个前沿问题[J]. 旅游学刊, 5: 35~39.

崔凤军. 2001. 风景旅游区的保护与管理[M]. 北京: 中国旅游出版社.

戴学军, 丁登山, 林辰. 2002. 可持续旅游下旅游环境容量的量测问题探讨[J]. 人文地理, 17(6): 32~36.

范弢. 2007. 丽江古城景观水环境现状与调控研究[J]. 云南师范大学学报(自然科学版), (3): 58~61.

方晓波, 张建英, 陈伟, 等. 2007. 基于 QUALZK 模型的钱塘江流域安全纳污能力研究[J]. 环境科学学报, 27(8): 1402~1407.

冯学钢, 包浩生. 1998. 旅游活动对风景区地被植物——土壤环境影响的初步研究[J]. 自然资源学报, 14(1): 75~78.

管东生, 林卫强, 陈玉娟. 1999. 旅游干扰对白云山土壤和植被的影响[J]. 环境科学, 20(6): 6~9.

黄恢柏, 王建国, 唐振华, 等. 2002. 两种指数对庐山水体环境质量状况的评价[J]. 中国环境科学, 22(5): 416~420.

黄坚, 何青, 桑永尧, 等. 2003. 长江口南北槽及横沙东滩工程流场数值模拟[J]. 水运工程, 351(4): 5~9.

江霜英, 王雨, 张海平, 等. 2008. 上海市竹园第一污水处理厂升级改造工程对长江口水体环境的影响[J]. 环境科学研究, 21(1): 159~167.

蒋文举, 朱联锡, 李静, 等. 1996. 旅游对峨眉山生态环境的影响及保护对策[J]. 环境科学, 17(3): 48~51.

姜文来. 2008. 未来 10 年内可能因缺水问题而爆发战争. http://news.h2o-china.com/html/2008/09/744491220494017_1.shtml [2008-09-04].

金腊华, 徐峰俊. 2004. 水环境数值模拟与可视化技术[M]. 北京: 化学工业出版社.

李瑞杰, 诸裕良, 郑金海. 2003. 虎门太平水道航道整治工程潮流数模计算[J]. 水运工程, 350(3): 38~42.

李向农, 马玉美, 马玉增. 1996. 泰安市风景区水体质量评价[J]. 山东环境, 5: 48~49.

李旭. 2009. 人工景观水的水质分析评价预测及对策研究[D]. 西安: 西安建筑科技大学硕士学位论文.

李贞, 保继刚, 覃朝锋. 1998. 旅游开发对丹霞山植被的影响研究[J]. 地理学报, 53(6): 554~561.

栗苏文, 李红艳, 夏建新. 2005. 基于 Delft 3D 模型的大鹏湾水环境容量分析[J]. 环境科学研究, 18(5): 91~95.

联合国. 2005. 千年生态系统评估报告集(二)[M]. 赵士洞, 赖鹏飞译. 北京: 中国环境科学出版社.

林越英. 1999. 旅游环境保护概论[M]. 北京: 旅游教育出版社.

刘成, 李行伟, 韦鹤平, 等. 2003. 长江口水动力及污水稀释扩散模拟[J]. 海洋与湖沼, 34(5): 474~483.

刘登国, 卢士强, 林卫青. 2005. 陈行水库水质模型与自净规律研究[J]. 水资源保护, 21(2): 40~45.

刘鸿雁, 张金海. 1997. 旅游干扰对香山黄栌林的影响研究[J]. 植物生态学报, (2): 29~33.

刘玲. 2000. 旅游环境承载力研究[M]. 北京: 中国环境科学出版社.

刘儒渊, 曾家琳. 2006. 登山步道游憩冲击之长期监测——以玉山国家公园塔塔加步道为例[J]. 资源科学, 28(3): 120~127.

刘燕华, 葛全胜, 方修琦, 等. 2004. 关于中国全球环境变化人文因素研究发展方向的思考[J]. 地球科学进展, 19(6): 889~895.

刘赵平. 1998. 再论旅游对接待地的社会文化影响——野三坡旅游发展跟踪调查[J]. 旅游学刊, (1): 50~54.

刘振礼. 1992. 旅游对接待地的社会影响及对策[J]. 旅游学刊, 7(3): 51~55.

木禾. 1999. 生态旅游, 有喜更有忧[N]. 中国环境保护报, 1999-10-28(第三版).

宁宝英, 何元庆. 2007. 丽江古城的旅游发展与水污染研究[J]. 资源与环境, 5: 123~127.

全华, 陈田, 杨竹莘. 2002. 张家界水环境演变与旅游发展关系[J]. 地理学报, (5): 619~625.

宋力夫, 杨冠雄, 郭来喜, 等. 1985. 京津地区旅游环境的演变[J]. 环境科学导报, 5(3): 255~265.

孙金华, 倪深海, 颜志俊. 2006. 人类活动对太湖地区水环境演变的影响研究[J]. 水资源与水工程学报, 17(1): 7~9.

孙学成, 邓晓龙, 张彩香, 等. 2003. WASP6 系统在三峡库区水质仿真中的应用[J]. 三峡大学学报(自然科学版), 25(2): 185~188.

孙玉军. 2000. 生态旅游景区环境容量研究[J]. 应用生态学报, 11(4): 564~566.

孙玉军, 韩艺师, 彭绍兵. 2001. 旅游风景区索道对环境的影响及其管理[J]. 北京林业大学学报, 23(3): 97~100.

谭周进, 肖启明, 杨海君. 2006. 旅游对张家界国家自然保护区土壤酶及微生物作用强度的影响[J]. 自然资源学报, 21(1): 133~138.

谭周进, 肖启明, 杨海君, 等. 2005. 放牧对张家界索溪峪景区土壤微生物区系及活度的影响[J]. 自然资源学报, 20(6): 885~890.

佟庆远, 赵冬泉, 胡洁. 2006. 北京奥林匹克森林公园水质数学模拟和水系维护系统设计[J]. 中国园林,

22(8): 22~26.

汪嘉熙. 1996. 苏州园林风景旅游价值及其环境保护对策研究[J]. 环境科学, 7(4): 83~88.

王群, 杨兴柱, 黄征兵, 等. 2007. 山岳型旅游地水环境管理比较与模式构建[J]. 旅游学刊, 22(11): 47~51.

王群, 章锦河, 丁祖荣, 等. 2005. 国外旅游水环境的影响研究进展[J]. 地理科学进展, 24(1): 127~136.

王宪礼, 朴正吉, 黄永炫, 等. 1999. 长白山生物圈保护区旅游的社会影响分析[J]. 旅游学刊, 14(2): 65~70.

王湘. 2001. 旅游环境学[M]. 北京: 中国环境科学出版社.

吴必虎. 1998. 旅游系统: 对旅游活动与旅游科学的一种解释[J]. 旅游学刊, 13(1): 21~25.

吴长年, 周庭序, 王勤耕, 等. 1998. 概述旅游业对环境的影响[J]. 南京大学学报(自然科学版), 34(6): 756~762.

武国柱, 席建超, 刘浩龙, 等. 2008. 六盘山自然保护区不同类型植被对人类旅游活动的响应[J]. 资源科学, (3): 1169.

席建超, 葛全胜, 成升魁, 等. 2004. 旅游消费生态占用初探——以北京市海外入境旅游者为例[J]. 自然资源学报, 19(2): 224~229.

席建超, 胡传东, 武国柱, 等. 2008a. 六盘山生态旅游区旅游步道对人类践踏活动的响应研究[J]. 自然资源学报, (2): 274~284.

席建超, 刘浩龙, 葛全胜, 等. 2008b. 基于非参与式调查的六盘山生态旅游区旅游者偏好研究[J]. 干旱地区资源与环境, (4): 120.

邢可霞, 郭怀成, 孙延枫, 等. 2004. 基于 HSPF 模型的滇池流域非点源污染模拟[J]. 中国环境科学, 24(2): 102~105.

颜文洪, 张朝枝. 2005. 旅游环境学[M]. 北京: 科学出版社.

杨桂华, 文传浩, 王跃华. 2002. 生态旅游的大气及水环境效应——以滇西北碧塔海自然保护区为例[J]. 山地学报, (06): 752~756.

杨家宽, 肖波, 刘年丰, 等. 2005. WASP6 水质模型应用于汉江襄樊段水质模拟研究[J]. 水资源保护, 21(4): 8~10.

袁素芬, 唐海萍. 2008. 全球气候变化下黄土高原泾河流域近 40 年的气候变化特征分析[J]. 干旱区资源与环境, (09): 43~49.

张德尧, 程晓冰. 2000. 我国水环境问题及对策刍议[J]. 中国水利, (6): 14~16.

赵新华, 赵胜跃, 张信阳, 等. 2005. 景观河流(津河)水质变化的研究与控制[J]. 天津大学学报, 38(9): 824~829.

朱宜平, 张海平, 陈玲. 2007. 景观水体的水动力优化设计[J]. 中国给水排水, 23(10): 36~38.

左书华. 2007. Delft 3D 在鳌江口外平阳咀海域流场模拟中的应用[J]. 水文, 27(6): 55~58.

Andronickou A. 1987. Cyprus: management of the tourist sector[J]. Tourism Management, 7(2): 127~129.

Bates G H. 1935. The vegetation of footpaths, sidewalks, car tracks and gateways[J]. Journal of Ecology, 23: 470~487.

Bates G H. 1938. Life forms of pasture plants in relation to treading[J]. Journal of Ecology, 26: 452~455.

Bayfield N G. 1979. Recovery of four montan eheath communities on Cairngorm, Scotland, from disturbance by trampling[J]. Biological Conservation, 15: 165~179.

Becheri E. 1991. Rimini and co: the end of a legend? [J]. Tourism Management, 12(3): 229~235.

Bywater M. 1991. Prospects for mediterranean beach resorts: an Italian case study[J]. Travel and Tourism Analyst, (5): 75~89.

Cabelli V J, Dufour A P, McCabe L J, et al. 1983. A marine recreational water quality criterion consistent with indicator concepts and risk analysis[J]. Water Pollution Control Federation, 55(10): 1036~1314.

Ceballos-Lascurain H. 1996. Tourism, ecotourism and protected area. IUCN(The World Conservation Union).

Cole D N. 1978. Estimating the susceptibility of wildland vegetation to trailside alternation[J]. Journal of Applied Ecology, 15: 281~286.

Cole D N. 1988. Disturbance and Recovery of Trampled Montana Grassland and Forests in Montana[C]. Ogden, Utah: USDA Forest Service, Research paper INT 389.

Cole D N , Bayfield N G. 1993. Recreational trampling of vegetation: standard experimental procedures[J]. Biological Conservation, 63: 209~215.

Delft Hydraulies. 2007. Delft 3D~Flow User manual[R].

Doxy G V. 1975. A causation theory of visitor-resident irritants, methodology, and research inferences[J]. The Impact of Tourism, Proceedings ravel Research association, 6: 195~198.

Driks F J H. Rismianto D, de Wit G J. 1989. Groundwater in Bekasi district, West Java, Indonesia[J]. Naturwetenschappelijk Tijdschrift, (70): 47~55.

Farag A M, Goldstein J N, Woodward D F, et al. 2001. Water quality in three creeks in the backcountry of grand teton national park, USA[J]. Journal of Freshwater Ecology, 16(1): 135~144.

German F. 1997. Agency for Nature Conservation(GFANC). Biodiversity and Tourism: Conflicts on the World's Seacoasts and Strategies for Theft Solution[M]. Berlin: Springer-Verlag.

Getz D. 1982. A rationale and methodology for assessing capacity to absorb tourism[J]. Ontario Geography, 19: 92~101.

Goldsmith F B, Munton R J C, Warren A. 1970. The impact of recreation on the ecology and amenity of semi-natural areas: methods of investigation used in Isles of Scilly[J]. Biological Journal, Linnean Society, 2: 287~306.

Gossling S. 2002. Global environmental consequences of tourism[J]. Global Environmental Change, 12: 283~302.

Green H, Hunter C. 1992. The environmental impact assessment of tourism development. *In*: Johnson P, Thomas B. Perspectives on Tourism Policy[M]. London: Mansell.

Grenon M, Batisse M. 1989. Futures for the Mediterranean Basin: The Bule Plan[M]. Oxford: Oxford University Press.

Halcrow W. 1994. The Development of Water Resources in Zanzibar Final Report(draft)and Appendices to Final Report[M]. Wiltshire, England: Sir William Halcrow&Partners Ltd.

Henry B. 1988. The environmental impact of tourism in Jamaica[J]. World Liesure and Recreation, (29): 19~21.

Holden A. 2000. Environment and Tourism[M]. London: Routledge.

Holder J S. 1988. Pattern and impact of tourism on the environment of the Caribbean[J]. Tourism Management, 9(2): 119-127.

Hunter C, Green H. 1995. A Sustainable Relationship[M]? London: Routledge: 19~23.

Jackson I. 1984. Ebhancing the Positive Impact of Tourism on the Built and Natural Environment[M]. Washington D. C. : International Trade and Tourism Division, Department of Economic Affairs: 1~6.

Kent M, Newnham R, Essex S. 2002. Tourism and sustainable water supply in Mallorca: a geographical analysis[J]. Applied Geography, (22): 351~374.

Kim N. 1997. Structural Approach of Social Carrying Capacity and GIS Application[M]. Dissertation for PhD, Advisor: Graefe A. R. The Pennsylvania State University.

Kling C L, Bockstael N, Michael W. 1987. Estimating the value of water quality improvements in a recreational demand framework[J]. Water Resour, 23(5): 951~960.

Kocasoy G. 1989. The relationship between coastal tourism, sea pollution and public health: a case study from Turkey[J]. Environmentalist, 9(4): 245~251.

Kuss R F, Hall C N. 1991. Ground flora trampling studies: five years after closure[J]. Environmental Management, 15: 715~727.

Kuss R F, Morgan J M. 1980. Estimating the physical carrying capacity of recreational areas: a rationale for application of the universal soil loss equation[J]. Journal of Soil and Water Conservation, 35: 87~89.

Lal P N. 1984. Environmental implications of coastal development in Fiji[J]. Ambio, (13): 5~6.

Lee H. 1997. Social Carrying Capacity of Tourism Planning at an Alternative Tourism Destination: Crowding, Satisfaction, and Behavior[D]. Dissertation for PhD, Advisor: Graefe A. R. The Pennsylvania State University.

Liddle M J. 1975. A selective review of the ecological effects of human trampling on natural ecosystems[J]. Biological Conservation, 7: 17~36.

Liddle M J. 1988. Recreation and the Environment: the ecology of recreation impacts, section 2, vegetation and wear[R]. School of Australian Environmental Studies, working paper. Griffith University, Brisbane, Australia.

Liddle M J. 1991. Recreation ecology: effects of trampling on plants and corals[J]. Trends in Ecology & Evolution, 6: 13~17.

Liddle M J. 1997. Recreation Ecology: The Ecological Impact of Outdoor Recreation and Ecotourism[M]. London: Chapman & Hall: 639.

Manfredi E C, Flury B, Viviano G, et al. 2010. Solid waste and water quality management models for Sagarmatha National Park and Buffer Zone, Nepal[J]. Mountain Research and Development, 30(2): 127~142.

Meinecke P. 1928. The Effects of Excessive Tourist Travel on the California Redwood Parks[M]. Sacramento: California Department of Natural Resources.

Milne S. 1990. The impact of tourism development in small Pacific Island States: an overview[J]. New Zealand Journal of Geography, (89): 16~21.

Morris A, Dickionson G. 1987. Tourist development in Spain: growth versus conservation on the Costa Brava[J]. Geography, (67): 62~64.

Ning B Y, He Y Q. 2007. Tourism development and water pollution: case study in Lijiang ancient town [J]. China Population, Resources and Environment, 17(5): 123~127.

Romeril M. 1989. Tourism and the environment: accord and discord[J]? Tourism management, 10(3): 204~208.

Ronald J. 1982. A regional approach to estimating recreation benefits of improved water quality[J]. Journal of Environmental Economics and Management, 9(3): 229~247.

Silsbee D G, Larson G L. 1982. Water quality of streams in the Great Smoky Mountains National Park[J]. Hydrobiologia, 89(2): 97~115.

Smith B. 1997. Water: a critical resource. In: King R, Proudfoot L, Smith B. The Mediterranean: Environment and Society. London: Edward Arnold: 227~251.

Smith C, Jenner P. 1989. Tourism and the environment[J]. Travel and Tourism Analyst, (5): 68~86.

Sun D. 1992. Trampling resistance, recovery and growth rate of eight plant species[J]. Agriculture, Ecosystems & Environment, 38: 265~273.

Sun D, Liddle M J. 1991. Field occurrence, recovery and simulated trampling resistance and recovery of two grasses[J]. Biological Conservation, 57: 187~203.

Sun D, Liddle M J. 1993a. A survey of trampling effects on vegetation and soil in eight tropical and subtropical sites[J]. Environmenta Management, 17: 497~510.

Sun D, Liddle M J. 1993b. The morvegetation phological responses of some Australian tussock grasses and the importance of tiller number in their resistance to trampling[J]. Biological Conservation, 65: 43~50.

Sun D, Liddle M J. 1993c. The phological characteristics and resistance to simulated trampling[J].

Environmental Management, 17: 511~522.

Sun D, Liddle M J. 1993d. Trampling resistance, stern flexibility and leaf strength of nine plant species[J]. Biological Conservation, 65: 35~42.

Tananone B. 1990. International tourism on Thailand: environment and community development[J]. Contours, 5(2): 7~9.

Tyler C. 1989. A phenomenal explosion[J]. Geographical Magazine, 61(8): 18~21.

UNEP. 2012. Principles on the Implementation of Sustainable Tourism[EB/OL]. www. uneptie. org/pc/tourism/policy/principles. htm[2015-3-14].

Waston A E, Niccolucci M J, Williams D R. 1993. Hikers and Recreational Stock users: Predicting and Managing Recreation Conflicts in Three Wildernesses[C]. Research paper INT 468.

第2章　生态旅游区旅游活动干扰方式

2.1　研究区域概况

2.1.1　自然地理概况

地理位置：六盘山生态旅游区位于西安、银川、兰州3个省会城市所形成的三角地带中心，地处宁夏南部，横跨宁夏泾源、隆德、原州区两县一区。其山地海拔一般在2000~2500m，主峰米缸山海拔为2942m。六盘山是西北地区重要的水源涵养林基地，有黄土高原的绿岛之称。景区内气候凉爽，植被葱绿，自然景观魅力独特，是西北黄土高原区重要的生态旅游目的地。目前自然保护区属于六盘山国有林业管理局管辖，对外开放景区主要包括小南川、凉殿峡和野荷谷3个景区，见图2.1。

图2.1　研究区区位图

地质地貌：六盘山处于华北台地与祁连山地槽之间的一个过渡带。中生代晚期，六盘山区曾强烈下沉，堆积了 3000 多米厚的六盘山群碎屑岩，形成内陆盆地。在燕山运动和喜马拉雅山造山运动的作用下，多次褶皱成山并发生断裂，致使六盘山表现出断裂山的特征。第四纪期间，断裂上升仍在继续。在长期内外力的作用下，形成强烈切割的中山地貌。

六盘山是一条南北走向的狭长石质山地，山体主要由两列平行的山脉构成，地势大致呈东南高西北低。保护区内多中山、丘陵，大部分地区海拔在 2000~2931m，主峰米缸山海拔 2942m，相对高差在 800~1000m。山峰两侧山地坡地较陡，多在 30°左右，部分达 40°以上。两侧稍远处的低山则坡度较缓，一般为 15°~28°，海拔在 1700~2000m。山体为石质山地，母岩为石灰页岩、红色沙岩，土壤石砾含量多，土层薄。

气候：六盘山处于东亚季风区的边缘，夏季受东南季风的影响，冬季受干冷的蒙古高压控制，形成四季分明、年温差日温差较大的大陆性季风气候特征。在自然地理区划上处于暖温带半湿润区向半干旱区过渡的地带。年日照时数为 2100~2400h，年平均气温为 5.8℃，最热月（7 月）平均气温为 17.4℃，最冷月（1 月）平均气温为−7.0℃，极端最高温度为 30℃；极端最低温度为−26℃。大于等于 10℃积温为 1846.6℃，无霜期 90~130 天。年降水量为 676mm，且多集中于夏季，6~9 月的降水量占全年降水量的 73.3%，见表 2.1 和表 2.2。

表 2.1　六盘山及泾源气象站多年气象要素表

站名	海拔/m	资料年份	年均地表温度/℃	年均气温/℃	≥10℃积温/℃	年均风速/（m/s）	年降水/mm	年均湿度/%	年总蒸发量/mm
六盘山站	2860	1971~2004	3.8	1.2	572.8	6.1	648.1	68.6	1111.4
泾源站	1960	1971~2004	8.2	5.9	1847.7	3.1	591.6	65.0	1385.5

表 2.2　六盘山及泾源气象站多年（1995~2004 年）月平均气象要素统计表

气象指标	站名	1 月	2 月	3 月	4 月	5 月	6 月	7 月	8 月	9 月	10 月	11 月	12 月
地表温度/℃	六盘山	−8.2	−5.3	−0.6	4.8	10.3	14.9	16.6	14.8	10.0	3.7	−2.2	−7.2
	泾源	−5.1	−1.8	3.9	11.4	16.7	21.6	22.2	19.9	14.9	8.2	1.7	−3.6
风速/（m/s）	六盘山	5.8	5.6	6.0	6.1	6.1	5.4	5.3	5.3	5.4	5.6	6.1	6.2
	泾源	3.3	3.4	3.7	3.8	3.6	3.3	3.3	3.3	3.5	3.4	3.7	3.6
月降水/mm	六盘山	8.2	9.9	13.9	29.8	50.8	89.0	130.8	121.6	83.8	48.2	10.4	4.6
	泾源	5.5	7.7	11.8	29.3	57.9	87.2	134.5	129.2	89.5	49.4	8.7	2.9
月蒸发/mm	六盘山	44.9	44.1	74.5	132.4	156.6	159.1	131.2	107.0	84.8	73.0	58.1	50.7
	泾源	57.4	62.5	112.1	170.2	187.5	183.2	176.2	146.9	109.2	93.0	75.8	64.4
气温/℃	六盘山	−9.8	−7.9	−3.9	2.1	6.8	10.8	12.6	11.5	7.7	2.0	−3.5	−7.9
	泾源	−6.2	−3.6	1.5	7.8	12.3	16.2	17.9	16.5	12.4	6.6	0.7	−4.4
湿度/%	六盘山	62.5	64.9	63.7	60.4	65.5	69.0	79.7	81.2	79.1	72.2	62.7	56.9
	泾源	62.6	64.4	62.6	59.8	65.0	68.7	79.2	81.0	79.1	72.2	62.7	56.9

土壤：六盘山处于暖温带半湿润区向半干旱区过渡的边缘地带，在山地环境和森林植被的作用下，土壤类型带有明显的山地特征，且随着海拔的升高和气候条件的差异，土壤类型呈较规律的垂直分布。区内主要有 6 种土壤类型：山地草甸土、灰褐土、新积土、红土、潮土和粗骨土。其中以灰褐土面积最大，占土壤总面积的 94.4%，红土和山地草甸土分别占土壤总面积的 2.34%和 1.11%，其他均在 1%以下。

植被：根据《中国植被》和《宁夏植被》采用的分类原则，六盘山自然保护区的植被分为温带针叶林、夏绿阔叶林、常绿竹类灌丛、落叶阔叶灌丛、草原、荒漠、草甸共 7 个植被类型组、17 个植被类型、31 个群系。

六盘山相对高差 800~1000m，植被的垂直带分布比较明显，阴坡与阳坡有一定的差异。海拔 1700~2300m 为森林草原带，阴坡和半阴坡为辽东栎、少脉椴、山杨、白桦、花楸、稠李和槭树等组成的落叶阔叶林带；阳坡和半阳坡分布由狼针茅、羊茅、草地早熟禾等组成的草甸草原及与山桃、山李子等组成的灌木草原。2300~2600m 为山地森林带，阴坡、半阴坡以温带针叶林为主，是以山杨、红桦、白桦为原生林破坏后的次生类型；阳坡和半阳坡以落叶阔叶林为主，主要种群为红桦，混有华山松分布，由于受到破坏而被峨眉蔷薇、秦岭小檗等次生灌丛或蕨、苔草和风毛菊等所组成的次生草甸所代替。2700m 以上为高山柳、糙皮桦组成的山顶落叶阔叶矮林带。

水文状况：六盘山生态旅游区位于六盘山山麓及其边缘地带，属泾河水系，自南向北有香水河和泾河干流两条河流。年降水量多在 600~800mm，径流年内分配不均匀，47%~66%的径流集中在 7~10 月，冬季（11 月至次年 3 月）虽然降水相对较少，径流主要靠地下水补给，但由于良好的森林涵养水源作用，径流量仍可占年径流的 20%~35%（Marion and Leung，2001）。

水质特征：六盘山生态旅游区作为国家级自然保护区，核心景区水质保持在1~2 类水，外围休闲度假区、民俗村附近水质处于 2~3 类水。并且受旅游活动季节性影响，水质变化呈季节性波动：5~10 月水质下降，11 月至次年 4 月水质逐渐恢复原始状态。目前旅游区正处于观光向休闲的过渡阶段，休闲度假设施的大量出现，如农家乐及宾馆饭店在生活用水方面属于自然状态，排污随意性较大。超标指标是磷、氮和粪大肠菌群，特别是磷污染严重，其中民俗村总磷含量最多，超过 2 类水标准的 23%~42%，见表 2.3 和表 2.4。

2.1.2　社会经济概况

人口：六盘山生态旅游区周边涉及泾河源镇、六盘山镇、新民乡、黄花乡、香水镇、什字镇、隆德县的山河镇、陈靳乡和崇安乡，5 镇 4 乡 112 个行政村，2.4

表 2.3　各监测样点年均水质指标值

测定地点	悬浮物/(mg/L)	浊度/(mg/L)	溶解氧/(mg/L)	BOD5/(mg/L)	COD/(mg/L)	总氮/(mg/L)	总磷/(mg/L)	氨氮/(mg/L)	粪大肠菌群/(个/L)	细菌总数/(个/L)
CKA	8.46	1.48	9.17	0.98	2.90	0.13	0.02	0.04	144.76	81.13
A1	8.58	1.48	8.85	0.98	3.71	0.32	0.06	0.04	196.08	92.46
A2	9.71	1.48	8.79	0.98	4.40	0.37	0.07	0.05	361.41	135.01
A3	10.21	1.48	8.75	0.98	5.03	0.44	0.09	0.05	502.42	162.73
A4	12.96	3.23	8.56	1.50	7.54	0.50	0.12	0.05	817.35	260.32
CKB	9.46	1.48	9.34	1.23	5.62	0.11	0.02	0.04	91.73	73.21
B1	9.58	2.16	9.05	1.23	6.23	0.18	0.06	0.05	367.24	137.77
B2	11.96	3.17	8.95	2.01	9.62	0.35	0.12	0.05	385.50	160.38

注：CKA 为小南川上游河段上游旅游区无人干扰水域（核心游览区）；A1 采样区为小南川"龙女出浴"景点河段上游观光旅游污染水域（核心游览区）；A2 为小南川中游河段中游服务区排放水域（核心游览区）；A3 为小南川旅游区入口处河段中游较深的静止景观水域（旅游分界点）；A4 为冶家村民俗村旁泾河水域河段中游乡村，"农家乐"排放水域（旅游区外围）；CKB 为野荷谷源头河段上游旅游区无人干扰水域（核心游览区）；B1 为野荷谷景区入口处河段中游旅游服务区排放水域（旅游分界线）；B2 为香水河沿岸某宾馆下游水域河段中游宾馆饭店排放水域（旅游外围区）

表 2.4　旅游季节月平均水质指标值

月	悬浮物/(mg/L)	浊度/(mg/L)	溶解氧/(mg/L)	BOD5/(mg/L)	COD/(mg/L)	总氮/(mg/L)	总磷/(mg/L)	氨氮/(mg/L)	粪大肠菌群/(个/L)	细菌总数/(个/L)
5	2.25	1.35	10.08	0.96	3.74	0.05	0.06	0.06	210.38	132.75
6	15.77	1.58	8.89	1.28	4.68	0.34	0.07	0.05	348.40	133.27
7	29.06	1.66	6.60	1.50	5.22	0.61	0.08	0.04	463.75	119.31
8	6.56	3.41	7.47	1.40	9.25	0.47	0.08	0.01	516.56	146.63
9	4.55	2.47	9.38	1.24	6.70	0.26	0.07	0.04	377.03	147.80
10	2.50	1.50	11.20	1.06	4.16	0.06	0.06	0.07	233.75	147.50

万户 12.3 万人，其中回族人口占 73%，农业人口 11.4 万人，占 92.7%。

社会经济：2008 年地区年生产总值达到 5.6 亿元，年人均地区生产总值达到 4491 元，财政收入 1961 万元。城镇居民可支配收入达到 7640 元；农民人均纯收入达到 1998 元。人均占有耕地 4.7 亩[①]，年粮食总产量达到 3.97 万 t，人均粮食达到 360kg。泾源县依托六盘山自然保护区资源优势，基本形成了草畜、苗木、劳务、旅游业为主的四大支柱产业。3 次产业增加值比例关系由 1978 年的 61.2∶24.2∶14.6 演变为 2008 年的 29.9∶28.4∶41.7。总体来讲，人均收入不高，经济发展水平较低。

2.1.3　生态旅游业发展

六盘山自然保护区生态旅游区起步于 1995 年，2000 年建立了六盘山国家森林

---

① 1 亩≈666.7m²。

公园。目前建设了龙门景区管理服务基地、野荷谷景区管理服务基地、凉殿峡景区管理服务基地、六盘山生态博物馆；修建了龙门-凉殿峡、野荷谷、二龙河鬼门关景区、小南川、野荷谷等主要景点的游步道和停车场。主要景区包括以下几个。

野荷谷景区：野荷谷全长约 10 km，峡谷两岸是绝壁，谷中有野生华山松满布石崖，缓坡及谷底是油松和落叶松林，河床上是水生野生大黄囊吾，也就是野荷。峡谷的尽头是冰瀑，而沿河床蜿蜒前进的道路，正是秦始皇当年出巡的鸡头道。

小南川景区：小南川是六盘山的王牌景区，也是泾河的主源头之一。由古树潭、相思水、桦树弯、红桦林、飞流直下、龙女出浴等诸多景点组成。流泉飞瀑，素有"小九寨"美誉。

凉殿峡景区：凉殿峡是一代天骄成吉思汗屯兵之地，凉殿峡，意思是清凉的峡谷。位于六盘山腹地浓荫蔽日的大峡谷深处，峡谷全长约 20km。

二龙河鬼门关景区：二龙河鬼门关景区是科考探险线路，没有景区专业导游向导，不允许进入。二龙河是泾河的主源头，峡谷全长 20km，是六盘山自然保护区的核心区，也是野生动物和野生植物最丰富的地区。区内有保存完好的原始森林，由桂花崖、菊花洞、小鬼把门、镇鬼塔、跌水潭、九阶水、蘑菇石等景点组成。下午 5 时以后，常有金钱豹出没。

经过 10 年不间断的建设发展，六盘山国家森林公园景区旅游道路，景点游步道，景区供电、通信等基础设施建设基本完善。生态旅游通过多年的探索实践和经营发展，知名度逐年提高，现在已被评为国家"AAAA"级景区，是宁夏南部旅游的热点。2010 年六盘山生态旅游区接待游客 36.09 万人次，比上年增长 35.37%，门票收入 499.78 万元，比上年增长 9.11%，其中，六盘山国家森林公园年游客数量和门票收入最高，2010 年游客量为 16.45 万人次，占全旅游区的 45.58%，门票收入 455.42 万元，占 91.12%。旅游季节是每年的 5~10 月（11 月至次年 4 月是封山季节），受季节、气候和其他因素的影响，旅游淡旺季人数差别较大。旅游旺季集中在五一、十一黄金周和 7 月、8 月暑假期间，其中，7 月游客量最高，达 9.98 万人次，门票收入达 152.4 万元；6 月游客量最低，仅为 3.47 万人次，门票收入为 57.32 万元。见表 2.5 和表 2.6。

表 2.5　2009~2010 年六盘山生态旅游区各景区（点）主要旅游指标

年份	主要指标	六盘山国家森林公园	老龙潭、胭脂峡景区	六盘山长征纪念馆	合计
2009	接待人数/万人	13.77	2.75	10.14	26.66
	门票收入/万元	419.27	38.79	—	458.06
2010	接待人数/万人	16.45	5.61	14.03	36.09
	门票收入/万元	455.42	44.36	—	499.78

表 2.6 2010 年六盘山生态旅游区各景区（点）旅游季节各月主要旅游指标

月	主要指标	六盘山国家森林公园	老龙潭、胭脂峡景区	六盘山长征纪念馆	合计
5	接待人数/万人	1.82	1.36	1.38	4.56
	门票收入/万元	70.00	7.24	—	77.24
6	接待人数/万人	0.91	0.96	1.60	3.47
	门票收入/万元	51.46	5.86	—	57.32
7	接待人数/万人	6.00	1.33	2.65	9.98
	门票收入/万元	140.00	12.40	—	152.4
8	接待人数/万人	3.26	0.80	4.71	8.77
	门票收入/万元	85.42	8.56	—	93.98
9	接待人数/万人	3.06	0.41	0.89	4.36
	门票收入/万元	40.54	3.80	—	44.34
10	接待人数/万人	1.40	0.75	2.80	4.95
	门票收入/万元	68.00	6.50	—	74.5

旅游区是指旅游资源集中、环境优美，有一定规模和游览条件，可供人们游览、欣赏、休憩、娱乐或进行科学文化活动的区域（Brundtland Commission，1987）。干扰是自然界中无时无处不在的一种现象（Brundtland Commission，1987；Hunter and Gree，1995；Marion and Farrell，1998；Marion and Leung，1998；Alderman，1990；Giongo et al.，1994），直接影响着生态系统的演变过程。随着旅游业的快速发展，旅游活动对自然生态环境的干扰也在不断增加，认识活动旅游干扰对自然系统的影响是十分重要的。

2.2 旅游活动干扰及环境影响

2.2.1 旅游活动干扰及其特征

旅游区旅游活动干扰是在旅游区为了满足旅游活动对自然资源的需求与利用而对旅游区原生态自然系统作出的改变。旅游活动干扰引起旅游区生态系统结构的改变，包括群落组成、演替进程和土地利用格局，分析旅游区生态系统的干扰类型、频率及影响将有助于理解旅游区生态系统演替趋势，可实现旅游区资源的持续利用。这是因为，自然生态系统生态过程往往存在临界值，这个临界值是指只有当干扰的影响达到一定强度时，这些生态过程才可发生统计学上的明显改变。当然，此临界值还取决于其他因素（流域的特征、气候等）。旅游活动干扰主要有以下几个方面的特征。

1. 干扰方式的多样性

旅游区生态系统的旅游活动干扰主要有游憩活动干扰、旅游服务设施干扰、旅游交通干扰、旅游产业干扰等。其中旅游区生态系统最特殊的干扰就是游憩活动干扰和旅游服务设施干扰两个方面，后者表现为旅游区土地利用方式的改变。旅游区游憩活动可以分为山岳型游憩项目、森林型游憩项目、水域型游憩项目，不同的类型中具有典型的游憩活动，它们在不同程度上干扰着旅游区生态系统（表 2.7）。可见，分析旅游区的不同游憩活动对于旅游区生态系统的影响十分必要，加强旅游区生态系统管理和调控的针对性，使效果更明显。

表 2.7　旅游活动干扰及其对生态环境影响

	相关因子	对环境质量的冲击	说明与建议
	过度拥挤	环境逆境，动物行为改变	烦躁、质量降低，需要承载量限制或较好的调节方法
	过度开发	乡村劣质发展，过多人为建设	像都市般不雅观地发展
游憩	动力船	干扰野生动物	筑巢季易造成伤害；噪声污染
	钓鱼	无	与自然掠食者竞争
	徒步游猎	干扰野生动物	过度使用及路径侵蚀
污染	噪声（收音机等）	干扰自然声响	使其他游客及野生动物烦躁不安
	垃圾	破坏自然美景，使野生动物习惯于垃圾	影响美观及健康
	蓄意破坏	设备破坏及损失	破坏自然现象
	喂食野生动物	对游客造成危险	改变野生动物习惯
交通工具	速度	野生动物死亡	生态改变，灰尘
	路外行驶	土壤及植被破坏	对野生动物形成干扰
其他	收集纪念品	取走天然的物品，破坏自然的变化	贝壳、珊瑚、兽角、战利品、稀有植物等，干涉天然的能量流动
	柴薪	由于栖息地受破坏而导致小型野生动物死亡	干涉天然的能量流动
	道路及开挖	栖息地消失，污物干扰，植被破坏	破坏美感
	电线	植被破坏	美学上的冲击
	人工水井和盐的供应	非自然地将野生动物集中，植物受到危害	改变土壤所需要的
	引进外来植物及动物	与野生种竞争	造成大众的混淆

数据来源：WTO and UNEP，1992

2. 干扰间隔的周期性

旅游活动干扰的发生周期或间隔通常是一个特定值，主要集中在旅游旺季。

而自然干扰发生周期常常有较大的变异范围（平均值也常用）。

3. 干扰行为的可控制性

旅游活动干扰的发生过程：自然干扰的发生过程常常是随机的，取决于许多因素，而人类干扰的发生过程是确定性的，取决于人类的需求与决策。旅游活动干扰的强度：人类常用一特定的强度作用于自然系统。例如，人类利用与开发森林时，常采用皆伐方式，而自然干扰就具有非常大的变异，即使是一场毁灭性的森林火灾，但由于地形等因素，也会产生不同强度的火烧，甚至有一部分树木完全未遭到任何火烧而幸存下来。

4. 干扰空间的有限性

自然干扰作用所产生的空间大小、形状、分布与格局常是不规则的，而旅游活动干扰常会形成较一致的干扰形状、大小与空间分布格局。总地来讲，自然干扰常常是随机的、不规则的，具有很大的变异性。而人类旅游活动干扰常常是确定性的、一致性的且变异较小。

5. 干扰程度的复杂性

影响复合程度高的旅游生态系统包括森林生态系统、湖泊生态系统、湿地生态系统、农业生态系统等。旅游区生态系统的稳定性是指在一定时间和相对稳定的条件下生态系统各部分的结构和功能处于相互适应与协调的动态平衡中。旅游活动干扰大，造成生态系统内物质循环不连续、生境破碎化、整体性缺失等问题，影响着旅游区生态系统的健康；时滞性明显，旅游区生态系统受旅游活动干扰会出现一些不良反应，其后果往往具有时滞性、不连续性和不确定性。减少旅游区生态系统旅游活动干扰影响，将干扰控制在其自我调控能力之内，可确保旅游区生态系统保持稳定状态。

2.2.2　旅游活动干扰作用路径及其影响

旅游活动影响可以分为正面和负面影响。通常认为旅游活动本身是一种复杂的社会现象，其所造成的"环境影响"（environmental effect）也因地而异。通常旅游活动干扰对生态系统的影响是通过影响旅游区生态过程来实现的，这主要表现为对生态旅游区生态过程物质、能量和信息流动产生影响，并由群落或生态系统控制或调节，使区域旅游生态系统发生波动、演替和更新。

1. 旅游活动干扰的主要作用途径

通常旅游活动干扰主要通过直接旅游开发建设活动或者人类旅游活动来影响

生态旅游区的生态过程，具体体现主要包括通过生态景观改造重塑、旅游服务设施建设、旅游基础设施建设、游客不文明行为、其他废弃物等旅游活动。其中土地利用和土地覆盖变化是社会干扰和经济干扰的一种表现形式，是影响旅游区生态系统的结构、功能及动态最普遍的主导因素之一（邬建国，2007）。

生态旅游作为自然资源利用和开发的一种方式和过程，必然会对其实体自然景观及生态系统产生干扰，这种干扰既可对其客体产生直接作用，又会通过对客体生存环境的影响而起间接作用。直接作用主要体现在景观结构的变化，如种群或群落结构、生物多样性，以及改变景观的空间分布状况，如改变斑块的大小、形状、分散程度和廊道的连通性、连接度等方面。间接作用主要体现在景区景观质量的下降，生态系统的稳定性下降和种群演替方向的改变等方面（杜丽和吴承照，2013；张雅梅等，2009）。

从旅游区基质、廊道和斑块 3 个方面阐述旅游活动干扰对旅游区生态系统的影响方式和影响结果，包括基质面积、形状、破碎度，廊道单位面积数量、网络连接度及闭合度、宽度组成内容、内部环境、形状及其与周围斑块的关系，斑块单位面积数目、大小、形状、组成内容、内部环境及其与周围斑块或廊道的关系，见图 2.2，进一步表明了旅游区生态系统结构过程和功能的相互作用机制，认为旅游区生态系统结构上的改变使得旅游区的能量、物质和信息循环过程发生变化，进一步影响到旅游区生态系统各种功能。干扰可以改变景观格局，同时又受景观格局的影响，干扰是景观异质性的一个主要来源，具体表现为表 2.8。

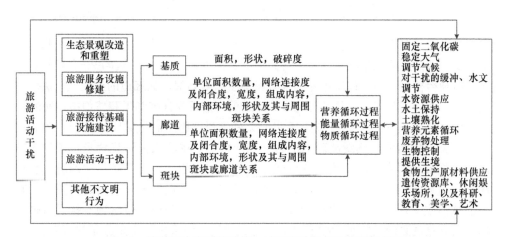

图 2.2 旅游区生态系统结构、过程和功能相互作用机制图

对景观多样性的干扰：旅游活动干扰对生态系统的影响与旅游开发的规模、强度、频度和利用方式密切相关。干扰一方面对原有景观有破坏作用，另一方面也可以促进景观多样性，这归结于干扰程度。中等强度的干扰对保持景观多样性、生物

表 2.8　旅游活动干扰对旅游区生态系统结构的影响（杜丽和吴承照，2013）

空间结构	影响方式	影响指标	影响结果	正负效应
	城市化，旅游房地产	面积	风景区总面积减少	负
	风景区边界开发	形状	规则化	负
基质	人工设施分散建设	破碎度	生态循环	负
	游步道开发	单位面积数量	多样性降低	正、负
	廊道、溪流、游步道开发	网络连接度	物质、能量"汇"、"散"能力	正、负
	廊道、溪流、游步道开发	网络闭合度	物质循环效率	正、负
	游步道开发	宽度	降低生物联系度	正、负
	观光游步道、植被、水域	组成内容	生物多样性	正、负
	人工和自然环境所占比例	内部环境	生物多样性	正、负
	游步道规划的直线或双曲线方式	形状	生境破坏程度	正、负
廊道	廊道内异质性	连续性	阻碍物质循环	正、负
	廊道与斑块的连接度	与周围斑块关系	物质和能量流动	正、负
	人工服务设施建设、人为干扰模块	单位面积数量	侵占基质面积	负
	服务设施建设	大小	侵占基质面积	负
	人工植被形状、无自然植被边界	形状	规则化	负
斑块	游憩服务设施和自然环境占斑块面积比例	组成内容	单一化	负
	工程生态化程度、绿地覆盖率、生物多样性	内部环境	生物多样性降低	负
	以人工廊道连模，凸显于基质上	与周围斑块或廊道关系	连续度降低	负

多样性和遗传多样性具有重要意义，但是过度干扰会导致森林的退化，动植物物种的减少，或间接改变生物的生境，导致生态系统的破坏。一些旅游设施和建筑物的修建将使得植被减少，旅游道路的修建将改变景观格局，如廊道的连通性，斑块的大小、形状和分散程度，从而可能导致不良的生态后果（陈利顶和傅伯杰，2000）。

　　对景观的破碎化干扰：旅游活动干扰对景观破碎化的影响比较复杂。随着人为干扰强度的增强，景观破碎化的程度相应增加。中度人为干扰使景观破碎度较高。而规模和强度大的干扰则有可能导致景观的均质化，而不是景观的进一步破碎化，因为在较大干扰条件下，景观中现存的各种异质性斑块将会遭到毁灭，整个区域形成一片荒芜，景观将会成为一个较大的均匀基质。但这种干扰同时也破坏了所有景观系统的特征和生态功能，也说明这已经超出了生态旅游的范畴。

　　对景观稳定性的干扰：Forman 和 Godron（1986）把景观稳定性表达为抗性、持续性、惰性、弹性等多种概念，可见稳定性与异质性、多样性、抗干扰能力、恢复能力有密切关系。旅游活动频繁的地区，景观受干扰的程度较大，异质性表现为增加，多样性增强，抗干扰的能力加强，稳定性也有所增加，但是随着干扰的加剧，抗干扰能力将减弱，稳定性将被打破。

Forman 和 Gordon（1986）认为，干扰增强，景观异质性将增强，但在极强干扰条件下，将会导致更高或更低的景观异质性。一般认为，低强度的干扰可以增强景观异质性，而中高强度的干扰则会降低景观的异质性。旅游活动干扰适度可以增强景观的异质性，但由于某些景区只注重当前的经济效益，不顾生态效益和环境效益，对旅游资源进行过度开发或不合理的规划，不顾景区的生态承受能力，大规模向游客开放，旅游活动干扰变成高频度、高强度的干扰，造成景观异质性的降低。

2. 对景观形成因素的干扰

旅游活动干扰改变了景观形成因素的组成、结构和性质。各种干扰都不是单独存在的，而是综合在一起相互影响的。由于旅游开发、旅游设施、服务设施和道路建设等改变了原有的地貌、地类及生态系统构成和组成，加上游人的参与，环境的基质性发生改变，当超过一定临界值时，它将走向系统退化，从而失去生态旅游的真正意义（张雅梅等，2009）。

土壤：游客的行走和践踏，一方面会改变土壤的物理性质，如土壤紧实度、透水性、持水性、土壤湿度、侵蚀等，再加上一些有机污染；另一方面会影响土壤的化学性质，特别是土壤有机质的积累和分解能力大大下降，直接影响土壤维持植被生命的能力，间接影响植被的生长和演替。

植被：旅游活动对植被的直接干扰表现为采摘、践踏、燃烧、污染等方面，这些直接的干扰若在植被的承载力范围内，将持续原来的生态平衡；若超出了植被的承载力，将影响植被的郁闭度、高度、多样性、结构等。而景区开发建设中一些观赏植物的引入，与乡土植物种类竞争，甚至会形成生态入侵，从而对本地物种的生存构成威胁。

动物：大批游客的涌入，可引起野生动物的迁移和繁殖能力的下降、习性的改变，以及种群数量、组成及结构上的变化，这必将对野生动物的生活和生存构成威胁。人工廊道、斑块的修建割断了动物的栖息地，一些动物为了安全而远离其栖息地，集中表现为动物多样性的减少。

大气：旅游活动必定带来大气含尘量、有害气体等的增加，可直接影响大气质量，间接影响景观。例如，在喀斯特地貌的溶洞中的旅游活动，游客呼吸使其中的 CO_2 浓度增大，CO_2 浓度的增加引起喀斯特地貌类型的风化、变黄、脱落等，打破了原有的生态平衡，原有的景观价值也大大降低。

水：水是生命之源，是生态旅游很重要的一个主题。在旅游活动比较集中的区域，生活垃圾、水上娱乐设施所产生的废气、废水、废物的排放超出了水的自净能力，将直接导致水质的下降。

2.2.3　旅游活动干扰与生态系统过程变化

对于旅游生态系统，其基本生态过程变化的驱动力在于系统生产力提高（自然和社会）及生物量的积累（自然），表现为区域旅游生态系统的波动、演替和更新。由于正常的生态过程被干扰，生态平衡受到破坏，一旦超过生态系统的波动范围，生态结构就遭到破坏，生态功能也受到损害，导致生态系统的逆向演替，使许多区域旅游生态系统到了崩溃的边缘。因此，保持旅游生态系统生态过程的正常进行，有利于保证系统的健康，从而促进旅游系统的可持续发展。

基于我国人均土地少和人均旅游景区面积少的基本国情，旅游景区不可避免地同时具有生态、生产和游憩等多重功能，旅游景区生态系统必然是人与自然界共同作用的结果，是在人为干扰下遵循自然、经济和社会规律而形成的复合生态系统，其主体是旅游景区自然环境、旅游景区原住民和旅游者。以自然生态系统为核心，关注关键生物体的生态过程及生物体之间，生物体与环境之间的关系，是具有旅游资源的地域综合体。

旅游景区生态系统的形成和演替是系统内部的发展进程与外部给予力量相互作用的结果，而旅游活动干扰正是很重要的外部给予力量，它是推动旅游景区生态系统形成、演替和进化的动力（Marion，1995）。旅游景区生态系统的演替是一种有序过程，呈多元化和复杂化趋势，表现为食物链由单一线状向复杂网状转变和群落结构复杂化转变。这些演替特征受不同区域自然环境（地形、气候、水文和资源分布等）、历史、文化、政治及经济发展水平等因素影响，其中主要驱动力包括游憩驱动力、经济驱动力、社会驱动力、文化驱动力和政治驱动力，不同驱动力的影响力决定着旅游景区生态系统的特征属性。

2.3　旅游活动对旅游区干扰模式

2.3.1　数据采集方法

旅游活动对步道影响的生态学研究涉及一系列问题，如植被丧失、切割作用、路面上的土层损耗、践踏扩展、土层踩压、开拓小道，以及各种不良行为如乱丢垃圾和抄近路造成的后果。尽管最近这些方面的研究取得了一些显著的成绩，但这些工作仍然十分有限（Giongo et al.，1994；Marion，1995）。有效的管理和资源的永续保护对于保护区是迫切需要的（Brundland Commission，1987）。然而，超负荷的资源冲击已影响旅游业的发展和保护区的可持续利用（Hunter and Green，1995），其中步道、野营地、野生动植物和水体资源冲击较为严重（Alderman，1990；Giongo et al.，1994；Marion and Farrell，1998；Marion and Leung，1998）。特别是步道和野营地，因为它们是旅游活动最集中、影响强度最大的地段（Backman and Potts，1993；Wight，1996）。相关娱乐活动对野营地的生态影响已经表明旅游利用的强度和其对生态环境的影响之间具有曲线关系，即多数影响发生在旅游利用的初期，一段时间之后变得平稳，这种情况已经也在步道上得到体现（Marion，1995）。此外，这种冲击使得一些基础设施的功能降低，如步道和野营地退化，不安全因素增加，美学价值降低等，致使游客改变旅游目的地，增加旅游团队的冲突及增加管理费用等（Leung and Marion，1996）。

2.3.1.1　步道评估程序

《步道评估指南》由 Marion（1994）编制，详细介绍了定性和定量收集数据的技术规则，并由 Sanjay K. Nepal 于 1996 年 11 月在珠穆朗玛峰国家公园进行了野外试用。使用多重步道评估方法：①步道环境特征；②确定使用频率、程度及践踏冲击的位置；③步道设计和维护状况。这些方法包括步道环境等级评估和实地量测。环境等级包括每条步道的植被组成、枯枝落叶层覆盖量、土壤侵蚀程度等。步道侵蚀等级采用 0~5 等级制，0 表示最小的干扰程度，5 表示基本无植被覆盖、有机质流失、土壤严重侵蚀。步道冲击指标包括践踏宽度（无植被覆盖）、践踏切割（最大切割深度）、步道分支、步道组成（裸露土壤、有机质、植被、砾石、水泥路及木板路各自所占的比例）。

从 3 个景区 5 条步道收集步道环境和冲击数据，剩余的保护区没有步道或只是当地人使用的道路。数据集中在每条步道 9~28 个样本点，具体取决于步道总长（549~1767m）与步道宽度，计算重要趋势（中值、平均值）、标准差、最大值、最小值。步道冲击调查评估采用 Cloe、Leung 和 Marion 等所使用的方法（Leung and Marion，1996；Marion，1994；Cole，1983），应用于步道践踏冲击的样点。评估指标包括潮湿土（湿土，泥泞超过步道宽度的一半），步道上有流水，步道分支，过度加宽（比邻近段步道宽 2~3m），过度侵蚀（侵蚀深度超过 15cm）。

2.3.1.2　野营地评估程序

评价野营地和沿路的生态影响的程序已经建立（Brundland Commission，1987；Marion，1994；Wight，1996），这种程序是标准化的定性技术，可以应用于各种生态背景。然而，值得强调的是，对受影响地点的评价是基于结合一些定量数据的可视化、定性评估，这些评估确定受影响的位置、性质和严重性，而不是影响本身。例如，它不涉及任何实验室里土壤性质、植被组成、有机碎屑等详细分析的土壤学研究。野营地调查遵循 Marion（1991）所提出的方法。6 项冲击指标包括野营地大小、植被盖度减少率、土壤流失、树木的损坏、根裸露、枯枝落叶层流失率。采用一个详细的指标即野营地表面情况（植被、土壤、岩床、砂砾层），对每个表面特征所占的百分率进行真实评估。野营地大小通过测定边界线的几何轮廓确定，植被盖度减少率和根裸露程度取决于人类践踏程度。

2.3.2 旅游总体干扰情况

实验于 2008 年 8 月在宁夏六盘山国家森林公园 3 个核心景区进行。保护区一般选择少数几条步道或娱乐地供游客使用，因此，有目的地选择和评估受冲击最为严重的步道和野营地，所遵循的基本原理是保护区样区选择的一致性，并且保证实验能够顺利开展。选择保护区 3 个核心景区的 5 条步道：小南川溪边步道、植物园步道、凉殿峡步道、野荷谷步道、荷花苑步道。步道基本状况见表 2.9。调查步道总长 8420m，各条步道长度为 500~3000m。剩余未经选择的步道是当地居民使用的道路，或游客很少使用的步道。基于特定位置的环境状况、资源生态和养护特征，对每个路段进行了进一步评估。位置数据包括步道位置、海拔、路况、坡度、践踏类型、土壤类型、土壤湿度、植被类型和盖度，一些如湿度状态之类的离散特征采用干土、潮湿土或湿润土的分类术语，影响变量有路宽及通道、多重践踏、切割、过陡、根暴露、路面破损、步道毁坏、泥泞和步道浸水，养护状态包括加固墙体、修筑的步道、石阶、桥梁等。

表 2.9 游憩步道基本状况

调查指标	保护区名称及步道				
	凉殿峡步道（长 500m）	小南川		野荷谷	
		溪边步道（长 875m）	植物园步道（长 1245m）	荷花苑步道（长 3000m）	野荷谷步道（长 2800m）
状态等级（0~5）	3~4	4	NA	4	4.5
海拔/m	2159	1994	2016	2330	2300
植被类型	高山草甸	乔灌木次生林	乔灌木次生林	华北落叶松	华北落叶松
植被盖度/%	75	60	60	80	70
步道坡度/°	5	0	0	0	0
坡度位置	南北	南北	南北	南北	东西
践踏类型（人类践踏，人及马匹，人、马匹及车辆）	人、马	人	人	人、马	人、马、车
养护状况	无	无	维护	无	无

注：养护状况包括加固墙体、修筑步道、石阶、桥梁等。道路状态等级评估中对于由木板、石块、水泥、砾石等做成的人公工路无法评定状态等级，"NA" 为无状态等级

2.3.3 "线性"步道冲击模式

总体看，线性步道冲击状态等级为 3.0~4.5，其中对于超过 4.0 级的旅游步道，则植被完全丧失，土壤裸露，植物根部暴露。野荷谷步道土壤完全裸露，有部分砾石。植物园步道有石块路、水泥路、木板路（表 2.10），步道宽度从最窄的 30cm 到最宽的 300cm，尽管一些步道加宽是为了容纳更多的游客，但仍有部分游客在步道外行走而使步道加宽。步道侵蚀，以步道切割为指标，特别是对于没有精心设计和建造的步道，如野荷谷步道，侵蚀在人工维护的步道上很少发生。步道分支问题比较类似，凉殿峡步道有 5 条平行分支，荷花苑步道有 4 条分支，长度为 15~30m。

表 2.10 游憩步道等级评估

冲击指标	保护区名称及步道				
	凉殿峡步道（长 500m）	小南川		野荷谷	
		溪边步道（长 875m）	植物园步道（长 1245m）	荷花苑步道（长 3000m）	野荷谷步道（长 2800m）
状态等级（0~5）	3~4	4	NA	4	4.5
步道组成/%					
裸露泥土路	25	75	10	70	10
人工草皮路	10	0	0	0	0
自然植被	65	5	0	5	5
石子路	0	20	55	25	85
水泥地	0	0	15	0	0
木板路	0	0	20	0	0
宽度/m					
平均/标准差					
范围/m	0.3~1.5	0.5~1.5	1.5~3.0	1~2.5	2~3.5
n	5	5	3	8	10
步道下切/cm					
中间值	4.5	6.5	7.5	9	7.5
最小值~最大值	0~9.0	0~12.5	0~14.5	0~18.5	0~15
n	5	5	3	8	10
游客形成的分生步道数/每一样点	3	2	0	3	2

注："NA"为无状态等级，"n"为样本数。"宽度"与"步道下切"指标样本数选择依步道总长度而定，步道越长，所选的样本数越多

过度土壤侵蚀发生在野荷谷步道，共有 12 处共 175m（6.25%）受到严重侵蚀（表 2.11）。根暴露也很普遍，沿步道有 13 处根暴露。相比之下，植物园步道仅有 3 处受到严重侵蚀，剩余的步道没有受到影响。小南川溪边步道有一段极为严重的

表 2.11　　游憩步道实地量测评估

冲击指标	保护区名称及步道				
	凉殿峡步道（长 500m）	小南川		野荷谷	
		溪边步道（长 875m）	植物园步道（长 1245m）	荷花苑步道（长 3000m）	野荷谷步道（长 2800m）
过度侵蚀（>15cm）					
发生次数	3	4	2	6	12
直线距离/m	15	20	6	65	175
根裸露					
发生次数	2	3	3	3	2
直线距离/m	7	30	12	8.5	8
分生步道					
发生次数	3	2	2	3	2
直线距离/m	30	20	8	15	12
土壤泥泞					
发生次数	0	5	0	20	25
直线距离/m	0	45	0	96	135
过度增宽（>2m）					
发生次数	2	2	1	4	3
直线距离/m	15	15	6	24	36
步道上径流					
发生次数	0	6	1	15	20
直线距离/m	0	20	6	45	120

　　注：凉殿峡步道没有水流经过，为高山草甸上人为步道，由于不合理使用，分生步道较严重。小南川植物园步道多为人工修筑的石子路，而且保护较好

根暴露地段，长达 30m（3.43%）。土壤泥泞在野荷谷步道非常严重，共有 25 处总长 135m；荷花苑步道也比较严重，长达 96m 泥泞。野荷谷步道有 3 处过度加宽（大于 2m）地段，占整个步道的 1.29%。其他步道很少有流水造成的泥泞现象。如果不充分采取妥善的措施，潮湿和泥泞的路况和流水对道的侵蚀和损坏就会极为显著。尽管这是一个季节性的问题，路面的低洼处仍然是常年积水。尽管少量的流水可能不是构成步道路况恶化的原因，但发生在陡坡上，常常是造成侵蚀的主要原因，并逐渐形成车辙、水沟和水坑。湿潮泥泞的步道迫使行人绕过这一区域，因此，步道在使用很短一段时期之后，便被拓宽了。

　　合适的位置、适当的建筑、适时维护基础设施可以避免或减轻旅游冲击（Cole et al.，1987；Leung and Marion，2000），调查显示很少有专业的计划或设计来使得冲击最小化。事实上，大多数管理者没有意识到基础设施建设及维护的重要性

或根本没有重视步道设计（Hesselbarth and Vachowski，1996；Birchard and Proudman，2000）。例如，荷花苑步道缺乏合理的设计，也没有适时维护，土壤裸露或泥泞，步道遭到严重的侵蚀切割。

调查同时显示一些保护措施有利于减轻步道和野营地的退化。例如，植物园步道采用石块、水泥或木板建造而成，有些地段甚至用篱笆围起来，这样使游客集中在步道而不散乱地践踏步道以外的地带，从而有效地阻止了步道侵蚀和扩张。适时的维护工作能有效地减缓步道表面侵蚀，限制步道扩张、加宽等负面影响。野荷谷和荷花苑步道迫切地需要展开此类保护和维护工作。由于当地居民也使用步道，可以要求他们做一些补偿性的工作，如维修受到破坏的地段，或旅游季节监督游客的使用行为。

2.3.4 "面状"野营地冲击评估

调查了 3 个景区的 4 处野营地来评估环境等级和多项冲击指标（表 2.12）。荷花苑野营地环境等级为 4，由于受到游客的严重破坏，基本上无植被覆盖，相比凉殿峡野营地（环境等级为 2），有轻微的植被丧失，而小南川植物园由于为人工修筑的石块地面，没有受到游客的影响。

野营地从最小的 516m² 到最大的 2080m²（表 2.12）。野荷谷野营地植被减少率高达 91%，土壤裸露高达 71%，相反，凉殿峡仅 10% 的植被减少率和土壤裸露度。显著的土壤干扰和压实、树木损坏在野荷谷景区的野营地程度最严重。提高野营地抗性和弹性是减轻旅游冲击的有效方法（Leung and Marion，1996）。植被没有退化的野营地践踏冲击只发生在植被上，有一定程度的缓冲性，从而有效地保护了土壤，而植被严重退化、土壤裸露的野营地一般坐落于多荫地带，地表植被也比较脆弱，很容易受到践踏破坏。

表 2.12　保护区野营地状态等级

冲击指标	保护区名称及野营地			
	凉殿峡野营地	小南川野营地	野荷谷	荷花苑
状态等级	2	NA	3	4
步道组成（100%）	植被	砾石	裸露土	裸露土
面积/m²	2080	1332	717	516
植被减少率/%	10	NA	91	87
土壤裸露度/%	10	NA	71	70
树木损坏/个	1	0	1	2
根暴露/个	0	0	0	1
枯枝落叶/%	0	0	0	5

注："NA" 表示没有任何变化

2.3.5　小结与讨论

本研究没有使用时间序列在一些固定的实验点进行调查监测，新的评估程序，如步道环境等级评估，提供了一个简单而有效的评估方法。大多数评估程序依赖于步道和野营地冲击现状资料，环境等级评估体系简便而快捷地用于土壤和植被冲击的评估。尽管这些评估措施具有地域局限性，但它们仍具有较高的准确性和精确性（Cole，1983）。使用量测体系获得全面的、定量的、更加有效的管理资料。这类方法能够应用于定量化地统计分析更多类型的场所和步道冲击程度。在本研究中，步道加宽和切割通过平均值、最大值和最小值体现。通过对比不同类型的步道野营地来证实基础设施建设和适时维护的有效性。步道评估程序可确定冲击发生的数量、位置、程度及 6 项冲击指标所占的百分率。通过这种方法所获得的资料，可以用来确定各冲击指标的详细比例，以便于维护人员进行适时维修。

旅游冲击监测方法根据不同类别的冲击做了一些适当的修改调整，这样获得的数据更加准确可靠。环境等级评估需要进一步发展以适用于更多的复合环境。对于步道而言，点样本方法比问题评估方法应用更普遍，并且要求较少的修改，后者适用于不同的环境，但可能会限制数据的可比性。调查人员培训也是非常重要的，经过培训的人员，可熟练地掌握各种调查监测技术，完成工作的效率将大大提高。保护区野生动植物、水资源、一些特色景点及其他方面的旅游冲击监测评估同样应该尽快提上议事日程，研究相关的调查监测方法，力求对保护区进行全面的调查监测，使保护区更加协调持续发展。

通过教育和规范游客使用行为能从根本上减轻旅游冲击。但作者所调查的保护区，管理部门没有充分利用这一有效措施，他们很少与游客沟通，更谈不上为游客讲解一些保护区旅游使用原则。所有的景区都有供游客歇脚或停留的设施，但大多数缺少明显用来提示游客规范使用和减轻冲击的标志。导游能创造性地并且经济实惠地减轻旅游冲击（Norris，1994；Marion and Farrell，1998）。相比美国及其他一些发达国家，保护区使用导游相当普遍。导游能够直接教育、说服游客，确保徒步旅行和观赏野生动植物时的低冲击。为了使这些策略有效地实行，导游必须传达或具体示范规范的旅游行为。

许多保护区被注明为生态旅游区，这就预示着这些地方缺少或没有一般旅游区的日常管理机制。教育、规范游客行为，建设和维护基础设施的费用严重缺乏，而人们所预期的是更高水平的资源保护和旅游管理，但目前这些管理措施在保护自然和文化资源当中往往很难达到客观标准，该保护区资源保护程度不及中部发达地区的自然保护区。

当地居民对资源的利用与保护区对资源的保护是一对突出矛盾，甚至有时使得当地居民与保护区人员关系紧张，或与游客发生冲突。例如，保护区周围的传统农业用地被保护区征用，可能会导致当地人的一些破坏行为或潜在的破坏行为，如乱砍滥伐、毁林开荒等。另外，对一些共享资源的管理比较混乱，如当地居民与游客共同引起的水污染与步道分支。一些旅游管理部门对保护区支持不够，不健全的旅游管理组织、游客安全问题、旅游收入分配不均问题及保护区经费管理不善问题使得保护区管理困难重重。

调查发现保护区管理部门关于游客冲击的资料很少，主要机构或它们的下属机构很少发布这一主题的资料信息。他们的管理大多采用分区制，然而，这些彼此孤立的机构也没有能够广泛地分布。他们很少制定相应的政策去引导管理者确定、评估、管理旅游冲击。这方面的问题尤其在野生动植物冲击方面更为突出。

调查表明保护区迫切需要提升旅游管理措施，但一些当地政府或旅游管理机构可能会认为这种提升旅游管理和使得冲击最小化会是一种潜在的冲突，至少在当前一段时间内会影响当地旅游业的发展。因为解决这些问题再加上保护环境需要限制游客数量，这会直接导致支出经费增多和旅游收入降低的境况。

本研究评估了六盘山自然保护区 3 个核心景区的步道和野营地，对比研究了评估方法体系的应用情况，对保护区旅游冲击做了深刻的评估。对六盘山调查所得出的结论，或许不适合其他保护区，但作者所选择的保护区的特征和属性具有广泛的代表性。此外，作者所选择的步道和野营地反映了自然资源与游客利用之间的直接关系。通过调查研究，得出了重要的结论：①游客对保护区资源的多样化冲击正在发生；②多种管理技术可用于减轻旅游冲击；③一系列快速评估技术有效地应用于旅游冲击调查评估；④一些活动有助于调查监测工作的开展，如减少经费和人员编制。

2.4 旅游活动对旅游区水质的干扰模式

旅游活动对旅游区水质的干扰行为模式是指旅游活动干扰行为活动发生、进行和完成的固有方式，是对游客行为的抽象化概括。旅游活动干扰行为模式不仅取决于对旅游水环境信息进行感应、评价（判断和选择），还取决于游客主观（不同地域、不同阶层和年龄层次、不同知识结构、不同偏好）的观察和感觉，强调人的"感知"（感应 perception 和认知 cognition）与"行为"对环境变化和分布规律的影响（聂献忠等，1998）。不少学者曾从旅游动机、旅游决策、旅游空间行为、旅游消费倾向等角度，研究旅游者的行为特征（聂献忠等，1998；保继刚等，2000；陈健昌和保继刚，1988；吴必虎，1994；陆林，1996），但从环境效应的角度对旅游活动干扰行为进行研究的成果较少。根据旅游服务设施的类型，六盘山生态旅游区旅游活动水质干扰类型可划分为旅游住宿干扰、旅游餐饮干扰、旅游购物干扰、游览干扰、文娱活动干扰 5 类。本研究通过参与式观察、问卷调查的形式和比较分析法，探讨了六盘山旅游活动对旅游区水质干扰的行为模式，为山岳型景区和森林公园的保护、开发、管理提供参考。

2.4.1　研究方法

1. 旅游活动干扰指标构建

1）旅游活动污染物排放量（S）

旅游活动污染物排放量受旅游活动人均用水量、污水排放系数、污水处理率、污染物浓度等因素的影响。旅游活动污染物排放量可用如下公式计算：

$$S = Wr\mu C_D + Wr(1-\mu)C_w \tag{2.1}$$

式中，S 表示旅游活动污染物排放量（如旅游住宿活动、旅游餐饮活动、游览活动等）；W 表示旅游活动人均用水量；r 表示旅游活动的污水排放系数；μ 表示污水处理率；C_D 表示污水处理后污染物浓度；C_w 表示污水处理前污染物浓度。

2）旅游活动综合干扰指数（H）

选取总氮（TN）、总磷（TP）、五日生化需氧量（BOD5）和化学需氧量（COD）4 项指标，构建游客污染物排放量综合评价指数。首先将各指标进行极差标准化，然后采用均权的算数平均法构建游客污染物排放量综合评价指数。

其中，极差标准化计算公式如下：

$$M_i = \frac{S_i - S_{\min}}{S_{\max} - S_{\min}} \tag{2.2}$$

式中，M_i 表示污染物的标准值，i 表示第 i 项指标；S_i 表示污染物指标值，i 表示第 i 项指标；$S_{\min}$ 表示污染物最小指标值；$S_{\max}$ 表示污染物最大指标值。

旅游活动综合干扰指数（H）计算公式如下：

$$H = \sum_{i=1}^{n}\sum_{j=1}^{m} M_i \bigg/ n \tag{2.3}$$

式中，M 表示污染物的标准值；i 是旅游活动类型下标，$i=1,2,3,\cdots$；n 表示有 n 种旅游活动；j 是污染物类型下标，$j=1,2,3,4$。

依综合评价指数的高低，将游客划分为 5 个类型。1 级值在 0.2 以下，低度干扰型；2 级值为 0.2~0.4，较低干扰型；3 级值为 0.4~0.6，中度干扰型；4 级值为 0.6~0.8，较高干扰型；5 级值在 0.8 以上，高度干扰型。

2. 关键参数确定

1）旅游活动的污水排放系数

由于研究区污水排放方式多样、排放时段流量不稳定、污水排放系数的规律性特点不明显，若仅采用抽样调查法求得的参数来计算污染物排放量，有可能得出不正确的结论。因此，本部分在实地调查的基础上，参考同类型污染源的污水排放系数，确定最终的污水排放系数，见表 2.13。

表 2.13　各污染源废水量排放系数

旅游活动环节	旅游活动小类	废水排放系数	类型	参考文献
旅游住宿	农家乐	0.8	西北地区农村（有基本用水设施，收集黑水和部分灰水）	中华人民共和国住房和城乡建设部，2010
	旅游宾馆	0.92	一般旅馆	中华人民共和国住房和城乡建设部，2006
	高档度假山庄	0.92	融住宿、餐饮、娱乐一体的综合性旅游服务业	胡爽，2008
旅游餐饮	景区摊贩	0.88	餐馆、小酒家、大排档	胡爽，2008
	餐馆	0.88	一般饭店	胡爽，2008
	农家乐餐厅	0.8	西北地区农村（有基本用水设施，收集黑水和部分灰水）	中华人民共和国住房和城乡建设部，2010
	高档度假山庄餐饮部	0.92	融住宿、餐饮、娱乐一体的综合性旅游服务业	胡爽，2008
游览	博物馆	0.9	公用建筑	中华人民共和国住房和城乡建设部，2006
	旅游厕所	0.9	公用建筑	中华人民共和国住房和城乡建设部，2006

2）旅游废水中该种污染物的浓度

根据旅游经营单位调查问卷统计结果，可以得出旅游活动各类型污水处理方式和污水处理率（表 2.14）。根据研究区旅游服务设施污水排放方式，污水处理设备技术水平、工艺和污水监测结果，结合已有研究，确定研究区旅游活动各类型污水处理率和污水处理后污染物浓度（表 2.15）。

2.4.2　游客基本行为特征分析

从客源构成看，宁夏区内游客占到 68.7%，尤以银川为主，又占其中的半数以上。省外游客以陕西、甘肃、山西、内蒙古为主，共占游客总量的 25.5%。六盘山旅游客源在地域上以宁夏区内及周边省份为主，行程较短，对旅游水资源消费总量有一定影响。

表2.14 旅游活动各环节污水处理方式和污水处理率

旅游活动	旅游活动小类	污水处理方式	污水处理率/%
旅游住宿	农家乐	化粪池	45
	旅游宾馆	污水处理厂	100
	高档度假山庄	直排	0
旅游餐饮	景区摊贩	直排	0
	餐馆	污水处理厂	100
	农家乐餐厅	化粪池	45
	高档度假山庄餐饮部	直排	0
游览	博物馆	化粪池	100
	旅游厕所	化粪池	100

数据来源：53份旅游经营单位调查问卷统计结果

表2.15 旅游活动各环节经处理后污染物浓度

旅游活动	旅游活动小类	处理后污染物浓度/（mg/L）				污水处理方式	参数来源
		总氮（TN）	总磷（TP）	化学需氧量（COD）	五日生化需氧量（BOD5）		
旅游住宿	农家乐	55	9	850	100	化粪池	王红燕等，2009；王玉华等，2008
	旅游宾馆	20	5	120	60	污水处理厂	现场监测室内分析
	高档度假山庄	—	—	—	—		—
旅游餐饮	景区摊贩						
	餐馆	20	5	120	60	污水处理厂	现场监测室内分析
	农家乐餐厅	55	9	850	100	化粪池	王红燕等，2009；王玉华等，2008
	高档度假山庄餐饮部	—	—	—	—		—
游览	博物馆	30	4	450	80	化粪池	王红燕等，2009；王玉华等，2008
	旅游厕所	70	11	950	120	化粪池	王玉华等，2008

注："—"表示没有测出相关参数

从收入构成看，月收入2000~3000元、3000~4000元的相对比重最大，合占游客总量的52.1%，即游客以中等收入人群为主。中等收入人群可自由支配收入较高，旅游需求日益扩大，逐渐成为旅游市场的主流消费群体。同时，中等收入者较多关注旅游设施的舒适性、卫生状况，不追求高档次，因此经济适用型酒店和农家乐是大部分中等收入者的选择。由此可见，游客收入结构与住宿类型和就餐方式的选择有较大关系，对旅游活动单位用水额影响较大。

从游客文化程度看，大专/本科和高中/中专文化层次者居多，合占游客总量的65.6%，可见六盘山游客整体文化素质较高。教育程度的不同使游客环境感知行为有了一定差异。调查发现,具有较强生态环境保护意识的游客占 71.56%,他们大多拥有较高学历,接受过大量环境保护教育宣传,对人类与环境的关系有全面、正确的认识,强调旅游与环境的协调发展;而低学历者环保知识匮乏,仅强调旅游的规模、趣味、舒适,忽视生态环境的保护。

从旅游目的构成看,以观光游览和休闲度假为目的的游客最多,所占比例达82.8%;商务会议和科学考察的游客较少,分别占 12.3%、3.4%。观赏自然风光、登山探险、休闲度假、体验风土人群的消费娱乐观点与六盘山旅游资源有较好的配置,是大多数游客的旅游目的。以观光游览和休闲度假为目的游客游览时间较短,为 1~3 天,在住宿类型和就餐方式上注重经济、舒适、卫生,与游客水环境行为密切相关。

从停留时间看,以短期旅行为主,1 日游和 2~3 日游游客最多,共占 95.1%。这与六盘山生态旅游区以观光游览为主、休闲度假产品缺乏、周边配套旅游资源较少有关。游客停留时间对旅游水资源消费总量有较大影响。具体数据可见表 2.16。

表 2.16 游客基本行为特征

百分比	类别				
客源构成 (所占百分比/%)	宁夏 (68.7)	陕西、甘肃、山西、 内蒙古(25.5)	其他省区 (5.8)		
收入构成 (所占百分比/%)	1000 元以下 (14.3)	1000~2000 元 (16.2)	2000~3000 元 (29.7)	3000~4000 元 (22.4)	4000 元以上 (17.4)
文化程度 (所占百分比/%)	小学及以下 (2.3)	初中 (7.7)	高中/中专 (18.9)	大专/本科 (65.6)	研究生及以上 (5.5)
旅游目的 (所占百分比/%)	观光游览 (45.3)	休闲度假 (37.5)	商务会议 (12.3)	科学考察 (3.4)	其他 (1.5)
停留时间 (所占百分比/%)	1 天 (44.78)	2~3 天 (50.32)	3~5 天 (3.4)	5 天以上 (1.5)	

2.4.3 旅游活动各环节人均污染物排放量

1. 旅游活动各环节人均污水排放量

由于研究区旅游购物活动和游览活动对水环境的影响很小,本部分只考虑旅游住宿活动、旅游餐饮活动和游览活动造成的水质污染。综合参与式观察和问卷调查的统计结果,分别得到旅游住宿活动、旅游餐饮活动、游览活动的人均污水排放量。调查结果见表 2.17~表 2.19,结果表明,旅游住宿活动人均污水排放量最高,其次是旅游餐饮,游览最低。具体来看:①在旅游住宿活动中,从旅游设施类型看,高档度假山庄人均污水排放量最高,达 149.22L/天,农家乐最低,为 88.68L/天;从排水构成看,洗澡、冲厕、清洁卫生比重最大,分别占总量的 17.07%~26.28%、

表 2.17　旅游住宿活动人均污水排放量

排水项目	农家乐		旅游宾馆		高档度假山庄	
	均值/(L/天)	比重/%	均值/(L/天)	比重/%	均值/(L/天)	比重/%
刷牙①	1.25	1.41	1.60	1.30	1.65	1.11
洗脸①	8.43	9.51	10.17	8.26	11.01	7.38
洗澡①	15.14	17.07	30.67	24.92	39.21	26.28
洗手①	1.41	1.60	1.61	1.31	0.82	0.55
洗脚①	2.32	2.62	1.13	0.92	1.02	0.68
洗头①	1.60	1.80	0.10	0.08	0.09	0.06
洗衣①	5.14	5.80	9.17	7.45	11.87	7.95
饮用①	2.46	2.78	2.76	2.24	2.81	1.88
冲厕①	19.29	21.75	21.75	17.67	25.62	17.17
清洁卫生②	14.08	15.88	18.98	15.42	21.09	14.13
清洁床上用品②	17.03	19.20	25.14	20.43	29.01	19.44
庭院绿化②	0.53	0.60	0	0	5.02	3.36
总量	88.68	100	123.08	100	149.22	100

数据来源：①90 份参与式观察和 484 份游客调查问卷统计结果；②53 份旅游经营单位调查问卷统计结果

表 2.18　旅游餐饮活动人均污水排放量

排水项目	景区摊贩		餐馆		农家乐餐厅		高档度假山庄餐饮部	
	均值/(L/天)	比重/%	均值/(L/天)	比重/%	均值/(L/天)	比重/%	均值/(L/天)	比重/%
洗菜	1.91	10.66	2.14	6.57	2.89	9.89	3.98	9.72
清洗餐具	2.18	12.17	2.51	7.70	2.78	9.51	3.21	7.84
清洁卫生	3.01	16.81	5.25	16.11	4.98	17.04	7.02	17.14
烹饪	10.56	58.96	17.09	52.44	14.52	49.69	19.09	46.62
饮用	0.12	0.67	0.29	0.89	0.23	0.79	0.52	1.27
洗手	0.13	0.73	0.24	0.74	0.15	0.51	0.21	0.51
冲厕	0	0	5.07	15.56	3.67	12.56	6.92	16.90
总量	17.91	100	32.59	100	29.22	100	40.95	100

数据来源：53 份旅游经营单位调查问卷统计结果

表 2.19　游览活动人均污水排放量

排水项目	博物馆		旅游厕所	
	均值/(L/天)	比重/%	均值/(L/天)	比重/%
清洁卫生	5.09	77.83	1.1	14.59
洗手	0.25	3.82	0.44	5.84
冲厕	1.20	18.35	6	79.58
总量	6.54	100	7.54	100

数据来源：六盘山生态博物馆调查问卷统计结果

17.67%~21.75%、14.13%~15.88%。②在旅游餐饮活动中，从旅游设施类型看，高档度假山庄餐饮部人均污水排放量最高，达 40.95L/天，景区摊贩最低，为 17.91L/天；从排水构成看，烹饪占比重最大，达 46.62%。③游览活动（即生态博物馆）人均污水排放量是 6.54L/天，其中清洁卫生占比重最大，达 77.83%。

2. 各类旅游活动人均污染物排放量

利用公式（2.1）可计算出旅游活动各类型人均污染物排放量（表 2.20）。结果表明，旅游住宿活动污染物排放量最高，旅游餐饮其次，游览最低。其中旅游住宿活动人均总氮、总磷、化学需氧量、五日生化需氧量分别达 4.03g/天、0.74g/天、54.18 g/天、10.70g/天，是游览的 5 倍以上。具体来看：①在旅游住宿活动中，高档度假山庄污染物排放量最高，旅游宾馆最低，高档度假山庄餐饮部人均总氮、总磷、化学需氧量、五日生化需氧量分别达 4.94g/天、0.82g/天、75.51g/天、15.10g/天，是旅游宾馆的1.44倍以上。②旅游餐饮活动也以高档度假山庄餐饮部污染排放量最高，餐馆最低，高档度假山庄餐饮部人均总氮、总磷、化学需氧量、五日生化需氧量分别达1.80g/天、0.25g/天、28.83g/天、5.25g/天，是餐馆的1.78 倍以上。

表 2.20　旅游活动各环节人均污染物排放量　　（单位：g/天）

旅游活动	旅游活动小类	总氮（TN）	总磷（TP）	化学需氧量（COD）	五日生化需氧量（BOD5）
旅游住宿	农家乐	4.90	0.82	73.43	10.20
	旅游宾馆	2.26	0.57	13.59	6.79
	高档度假山庄	4.94	0.82	75.51	15.10
	均值	4.03	0.74	54.18	10.70
旅游餐饮	景区摊贩	0.63	0.16	23.64	2.84
	餐馆	0.57	0.14	3.44	1.72
	农家乐餐厅	1.54	0.26	23.14	3.21
	高档度假山庄餐饮部	1.80	0.25	28.83	5.25
	均值	1.14	0.20	19.76	3.25
游览	博物馆	0.18	0.02	2.65	0.47
	旅游厕所	0.53	0.08	7.16	0.90
	均值	0.36	0.05	4.91	0.69

2.4.4　不同类型游客污染物排放量和干扰类型

2.4.4.1　不同类型游客污染物排放量

旅游动机不仅是直接推动一个人进行旅游活动的内部动力，而且是进一步影响游客住宿、餐饮、娱乐、购物等行为的重要因素。因此，本部分将针对不同旅游动机游客人均污染物排放量进行重点分析。结合研究区以生态旅游产品为主、旅游业处于起步阶段的特点，划分旅游动机为观光游览、休闲度假、商务会议和科学考察4类。根据表2.20旅游活动各环节人均污染排放量，结合问卷调查游客特征（旅游住宿、餐饮选择），可计算出不同类型游客污染物平均排放量（表2.21）。结果表明：①从污染物排放总量看，商务会议游客各项污染物排放量最高，依次是休闲度假、科学考察和观光游览。其中商务会议游客人均总氮排放量6.66g/天，总磷1.13g/天，化学需氧量92.98g/天，五日生化需氧量20.74g/天，分别是观光游览游客3.9倍以上。②从污染物排放来源看（图2.3），旅游餐饮在观光游览游客污染物排放中占较大比重，旅游住宿在休闲度假、商务会议和科学考察污染物中占绝对比重。其中，旅游餐饮占观光游览游客污染物排放的40.17%以上，旅游住宿占休闲度假、商务会议和科学考察污染物的48%以上。

表2.21　不同类型游客人均污染物排放量和综合干扰指数

（单位：g/天）

指标值	观光游览	休闲度假	商务会议	科学考察
总氮	1.17	4.53	6.66	2.20
总磷	0.21	0.91	1.13	0.40
化学需氧量	23.88	66.94	92.98	41.65
五日生化需氧量	3.21	14.47	20.74	7.69
旅游活动综合干扰指数	0.02	0.64	1.00	0.18
旅游活动干扰类型	低度干扰	较高干扰	高度干扰	较低干扰

2.4.4.2　不同类型游客水质干扰类型

根据表2.20旅游活动各环节人均污染物排放量，结合问卷调查游客特征（旅游住宿、餐饮选择），可计算出每位游客日污染物排放总量。依据公式（2.3）可得出旅游活动综合干扰指数和旅游活动干扰类型（表2.21）。结果表明：①旅游活动综合干扰指数，商务会议游客旅游活动综合干扰指数最高，其次是休闲度假和科学考察，观光游览最低。其中，商务会议游客旅游活动综合干扰指数高达1。②旅游活动干扰类型，商务会议、休闲度假、科学考察和观光游览的旅游活动干扰类型依次降低，分别是高度干扰、较高干扰、较低干扰和低度干扰。

2.4.5　不同类型游客水质干扰类型及行为模式

1. 观光游览型游客的水质干扰行为模式

以观光游览为目的的游客，旅游活动干扰类型主要是低度干扰型。旅游形式

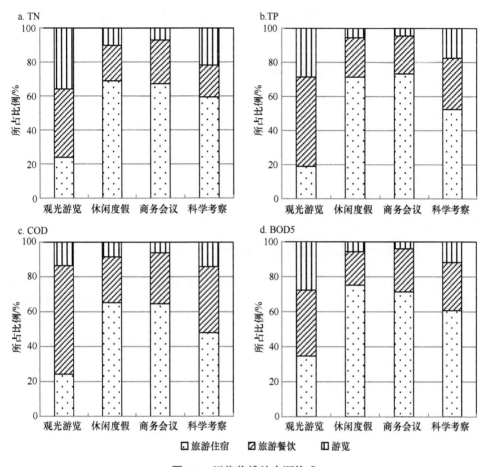

图 2.3　污染物排放来源构成

有散客和团队包价两种形式；中尺度游客多以散客形式为主，而大尺度游客多是参加团队进行游览。旅游时间一般控制在 1~2 天。平均花费较少，只用于基本的交通、食宿、门票，购物较少。住宿类型以农家乐为主，部分游客为一日游，当日返回不过夜；就餐方式以农家饭或自带食品为主。日排水量较低，为 40~90L。

2. 休闲度假型游客的水质干扰行为模式

休闲度假型游客的旅游行为同观光游览型游客的旅游行为有很大的不同。旅游活动干扰类型主要是较高干扰型。一般不参加团体包价游，在目的地停留时间较长，花费较大，对价格和服务质量相当敏感。六盘山的休闲度假型以银川、西安游客居多，还有周边的几个城市及部分省外游客。这种类型的游客旅游时间一般在 3 天左右，他们同观光游览型游客相比，除了一些基本花费外，增加了用于娱乐消费的花费。六盘山周边宾馆特别是一些中高级和有室内游泳池的宾馆、疗养院及农家乐均有此类型游客。就餐方式以餐馆和农家饭为主。日排水量较高，为 90~140L。

3. 商务会议型游客的水质干扰行为模式

商务会议型游客的旅游活动干扰类型主要是高度干扰型。六盘山的商务旅游者来源于全国各地，他们一般花费大，对食宿要求很高。他们的旅游时间不固定，一般较短，但是很频繁。商务会议型游客主要是以参加会议为主要目的顺便而访的。参加会议的旅游者逗留时间短，只游玩少数高级别旅游点，对食宿要求较高。六盘山是国家自然保护区。每年在银川、西安、杨凌等地及周边城市举行的各种会议期间均有去六盘山旅游的可能性。住宿类型以高级度假山庄为主；就餐方式以高级度假山庄餐饮部为主。日排水量很高，为 140~190L。

4. 科学考察型游客的水质干扰行为模式

科学考察型游客的旅游活动干扰类型主要是较低干扰型。科学考察型游客在抽样调查中数量不多，所占比重较小，其中有一个重要原因是与科学考察型游客的行为特征有关，因而调查数字比实际人数小得多。游客旅游时间一般较长，旅游消费以基本花费为主，食宿不讲究。住宿类型以农家乐和旅游宾馆为主；就餐方式以农家饭或餐馆为主。日排水量较低，为 60~110L。

六盘山不同类型游客的水质干扰行为模式总结见表 2.22。

表 2.22 六盘山不同类型游客的水质干扰行为模式

旅游类型	观光游览	休闲度假	商务会议	科学考察
旅游活动干扰类型	低度干扰	较高干扰	高度干扰	较低干扰
旅游形式	散客、团队包价游	非团队包价游	散客、团队	散客或结伴
旅游时间	1~2 天	3 天以上	不固定，短而频繁	一般较长
旅游花费	花费较少，用于食宿、交通、门票，购物较少	基本花费、休闲娱乐花费增加	花费多、购物消费增加	基本花费为主
住宿类型	农家乐或不过夜	农家乐、高级宾馆	高级宾馆	农家乐、普通宾馆
就餐方式	农家饭、自带食品	农家饭、高级餐馆	高级餐馆	农家饭、普通餐馆
日排水量	40~90L	90~140L	140~190L	60~110L

2.4.6 小结与讨论

本研究通过参与式观察、问卷调查和比较进行分析，力图从旅游活动源头定量分析六盘山生态旅游区游客在旅游活动各个环节中的人均污水和污染物产生量，进一步探讨旅游活动对旅游区水质的干扰行为模式。研究结果表明：①从旅游活动各环节人均污染物排放量来看，旅游住宿活动污染物排放量最高，旅游餐饮其次，游览最低。其中旅游住宿活动人均总氮、总磷、化学需氧量、五日生化需氧量分别达 4.03g/天、0.74g/天、54.18g/天、10.70g/天，是游览的 5 倍以上。其中，在旅游住宿活动中，高档度假山庄污染物排放量最高，旅游宾馆最低，高档度假山庄餐饮部人均总氮、总磷、化学需氧量、五日生化需氧量分别达 4.94g/天、0.82g/天、75.51g/天、15.10g/天；旅游餐饮活动也以高档度假山庄餐饮部污染排放量最高，餐馆最低，高档度假山庄餐饮部人均总氮、总磷、化学需氧量、五日生化需氧量分别达 1.80g/天、0.25g/天、28.83g/天、5.25g/天。②商务会议游、休闲度假、科学考察和观光游览 4 类游客对生态旅游区水质的干扰行为模式不同。商务会议游客是高度干扰型，综合干扰指数是 1，人均总氮、总磷、化学需氧量、五日生化需氧量排放量分别是 6.66g/天、1.13g/天、92.98g/天、20.74g/天，住宿餐饮方式以高级度假山庄为主，日排水量 140~190L；休闲度假游客是较高干扰型，综合干扰指数是 0.64，人均总氮、总磷、化学需氧量、五日生化需氧量排放量分别是 4.53g/天、0.91g/天、66.94g/天、14.47g/天，旅游时间一般在 3 天左右，住宿类型以旅游宾馆或农家乐为主，就餐方式以餐馆或农家饭为主，日排水量 90~140L；观光游览游客是低度干扰型，综合干扰指数是 0.02，人均总氮、总磷、化学需氧量、五日生化需氧量排放量分别是 1.17g/天、0.21g/天、23.88g/天、3.21g/天，旅游时间以一日游为主，就餐方式以农家饭和自带食品为主，日排水量 40~90L；科学考察游客是较低干扰型，综合干扰指数是 0.18，人均总氮、总磷、化学需氧量、五日生化需氧量排放量分别是 2.20g/天、0.40g/天、41.65g/天、7.69g/天，旅游时间较长，住宿类型以农家乐和旅游宾馆为主，就餐方式以农家饭或餐馆为主，日排水量 60~110L。

人类旅游活动对旅游区水质的干扰类型多样，不仅包括旅游服务设施污水排放，旅游垃圾也是重要的方面。由于旅游垃圾导致的面源污染分散分布、形式多样、影响机制复杂、量化难度大，本研究仅从旅游活动或服务设施污水排放角度测量污染物产生量。后续研究应进一步加强旅游活动面源污染定量研究。

2.5　基于非参与式调查的旅游活动偏好

旅游消费需求是地区旅游发展的真正动力所在，同时也是现代区域旅游市场规划的起点，旅游规划中的市场问题迫切需要理论界深层次的思考（张卫，1993）。因此，研究旅游者的消费结构和行为模式的变化，探讨旅游者需求及对景区未来的预期，对于旅游景区的发展规划和经营管理具有重要的理论意义和实践价值。这不仅有助于了解景点开发理念与旅游者反应间的落差，而且可获知旅游者在旅游景点内的行为模式（Clawson and Stewart，1965）。因此，本研究引入了非参与式调查法，通过建构吸引力指数和持续力指数两项指标，评估景区旅游者偏好及旅游景点开发是否成功，并以六盘山国家森林公园为例，对该研究方法和评估模式进行实证研究。

旅游者偏好是指旅游者在无限收入的假定条件下，对各旅游产品感兴趣和愿意消费的程度，它是一个感性的概念（Schiff，1971）。行为地理学认为：所有影响人作出决策和行动的因素之间相互依赖、相互制约。人在空间中的行为不是没有约束的，而受到个人本身及社会因素的种种影响。对于人类行为的研究是行为地理学关注的重点领域。地理学所谈论的"识觉"，除了包括心理学中的"感应（perception）"和"识知（congnition）"两个差异不显著的过程外，还有知觉、记忆、偏好、态度等内涵。Schiff（1971）对"识觉"定义为："一个人对一项或一组社会刺激所得到的印象，会因为识觉者受到从前相同经验的影响而将印象加以修正，所以从前相同或相似的刺激经验，以及他当时对刺激所做的解释，会使他对刺激中感兴趣的部分加以筛选。"因此环境识觉反映出人们内心对外在环境的接收与理解状态，并构成人们用以决策与判断的基础。Downs（1970）依据研究方法和目的，将环境识觉的研究分为 3 种。①结构的研究（the structural approach）：分析识觉世界的性质。②评量的研究（the evaluature approach）：透过空间意象评量环境，并探讨其与决策和行为的关系。③偏好的研究（the preference approach）：依据偏好的尺度分析一些空间分化的客体和某种特别的行为。

环境识觉的研究有一个共同而简单的基本假设，即"每个人都有着一幅世界的意象，个人的偏好、价值、决策及行为皆以这个脑海中的意象为依据，而不是参考客观的现实世界"（Mansfield and Ya'acoub，1995；Eymann and Ronning，1997）。在这个基本假设下，环境意象的评价及这些意象的决策、行为之间的关系，就成为研究的核心问题，并逐渐发展形成一套完整的概念架构。通常对于旅游偏好确定，可以采用市场调查方法，如环境经济学中常用的选择实验方法（choice experiment）（Louviere et al.，2000；Hensher et al.，2005）。对于目的地的选择问题也可以采取类似的方法（Hanley，1998）。如果研究对象包括货币属性，便可以确定旅游者的最大支付意愿（willingness to pay，WTP）（Hanley and Wright，2001）。对旅游服务设施的支付意愿货币价值可以通过条件价值法（contingent valuation）来进行，它包含多目的地属性水平及在属性间相互交易的复杂的多价值研究目标（Bateman et al.，2002；Barkmann et al.，2005）。通常，消费偏好陈述需要细致的准备和对特定人群的确认（Barkmann et al.，2005；Barnes et al.，1999）。研究决定旅游者动机因素是决定旅游者在市场中旅游消费偏好的首要因素，如 Fodness（1994）针对特定人群，采取公开访谈方法进行的探索研究。Botterill 和 Crompton（1996）采用结构访谈方法对旅游者选择自然旅游地进行了研究。Kozak（2002）发现采用 Likert-type 定量调查方式对尼日利亚国内旅游者旅游目的地选择问题进行了研究。Mansfeld 和 Ya'acoub（1995）发现与宗教相联系或者对宗教的熟悉程度是决定旅游者目的地选择的重要因素。Wang 和 Zhao（2002）研究了中国不同旅游者旅游动机差异。马耀峰等还引入亲景度的概念，利用亲景度指标，以美国旅游者作为研究对象，揭示了美国旅游者在进行旅游目的地选择方面的偏好程度（苏红霞和马耀峰，2005；马耀峰等，2005；马耀峰和梁旺兵，2005）。

从已有的研究可以看出，对于旅游偏好的研究，参与式调查方式是较为常用的方法，研究者通过参与到旅游者的旅游活动中去，与旅游者建立比较密切的关系，在相互接触与直接体验中记录旅游者的言行和对问题的认知。研究者在此过程中通常既是研究者又是参与者，加入部分研究者的主观色彩。因此，本研究尝试采用非参与式调查方式，以"旁观者"的身份来了解旅游者偏好的动态。相比参与式而言，此方法操作起来比较容易，也易于获得较为"真实"的资料。小南川景区和凉殿峡景区是六盘山国家森林公园的核心部分，也是六盘山旅游者旅游活动最主要的聚集地。其中小南川景区是泾河的主源头之一，主要包括梳妆石、龙女出浴、红桦林、飞流直下、相思亭、相思水、古树潭等景点，素有"小九寨"的美誉。凉殿峡是一代天骄成吉思汗屯兵之地，至今留有大量遗迹，如石桌、石凳等，开发有蒙古包、烤全羊及篝火晚会等活动节目供旅游者游乐。景区内可以开展森林生态游、科学考察游和休闲避暑等多种内容的旅游活动，是生态旅游和休闲消夏避暑的胜地。

2.5.1　研究方法

非参与式调查法或称无干扰式观察法，是在不打扰旅游者旅游活动的情况下，通过调查旅游者的行为反应，记录旅游者与旅游景点间交流互动情况的一种调查方法。这是国外行为地理学中广泛采用的方法（Koran et al.，1986）。因其对旅游者不易产生干扰，所以较能客观地搜集到旅游者在自然情境下的游览行为（王玉华等，2008；风笑天，2005）。

本研究选择六盘山国家森林公园内的小南川景区和凉殿峡景区为调查地点（两景区进出口都是唯一的，非常有利于跟踪调查）。具体方法如下：①在景区入口，随机选择旅游者群体（一般大于 6~12 人以上团队），跟踪观察其行为，并以电子表记录时间。②以电子秒表为计数工具，分别记录旅游者在主要旅游景点的停留状况及停留持续时间。③为了获得旅游者背景资料，在观测结束后，跟随旅游者乘坐景区内部旅游交通车，与旅游者进行一般访谈。为了不干扰旅游者和引起旅游者怀疑，研究者以普通旅游者身份出现。待完成每次行程后，重复相同步骤。

研究于 2006 年五一和十一黄金周期间进行，上午 10 时至下午 4 时止，调查者两人分别持续跟踪来景区游览游客 6 天，共得到有效样本数 236 个。调查重点除了记录旅游者在旅游景点的游览时间外，还包括两部分内容：①旅游者资料，主要包括年龄、性别、旅游方式组成及其区域来源；②旅游者喜好，旅游者喜好或者最不喜好的景点及其原因。

本研究构建了吸引力指数和持续力指数来研究旅游者的游览偏好，两个指数的含义如下。

1）吸引力指数

旅游者在旅游景点游览时，记录其在特定旅游景点停留时间。采取跟踪计时的方法，以旅游者游览途中，不进行停留，直接走过全程所花费的时间为基本参照系，对有停留大于 10s 的旅游者加以统计，此统计数目占旅游者总数的百分比，即吸引力指数。

$$AP=LT/TT$$

式中，AP 表示吸引力指数（attracting power）；LT 表示旅游过程中有停留（超过 10s）的旅游者数量（lingering tourist）；TT 表示旅游者总量（total tourist）。

2）持续力指数

在吸引力指数的基础上，对旅游者在各个旅游景点停留时间继续进行统计，记录在某一旅游景点持续停留的时间，将所有有效旅游者样本总数平均，即持续力指数。

$$PP = \sum STT/TT$$

式中，PP 表示持续力指数（persisting power）；STT 表示旅游过程中有停留（超过 10s）的旅游者停留时间总和（total lingering time）；TT 表示旅游者总量（total tourist）。

最后，以 STATISTICA 6.0 统计软件来进行描述性统计整理旅游者特性与旅游的吸引力和持续力资料，用三因子变异数分析（three way ANOVA）来探讨不同旅游者特性（即年龄、区域与旅游方式）所组成的群体与其游览时间的差异性。

2.5.2 旅游区不同地点的吸引力和持续力

在被调查样本中，男性略多于女性，分别占总样本的 51.8%及 49.2%；在年龄分布上，25~65 岁年龄段中青年游客累计量占总游客量的 67.43%，是旅游客源的绝对主体；其中 25~44 岁年龄段的游客所占比例最大，占 52.14%；其次是 45~65 岁年龄段，占 15.29%；比例最少的是 14 岁以下年龄段，仅占 11.27%。从旅游者地域分布看，旅游者多数来自六盘山周边地区，特别是宁夏银川市及邻近兰州市、固原市及甘肃平凉市等地，共有 167 人，所占比例为 70.9%，这显示六盘山国家森林公园所在地宁夏为景区主要客源地。从旅游方式看，以家庭型、单位组织型及情侣型等旅游组织形式为主，约占总数的 88.6%，其他形式的旅游者约占总数的11.4%。

1. 旅游者偏好分析（吸引力与持续力）

在旅游者总停留时间方面，大多数（81.6%）旅游者在 2h 30min 左右内就会离开。进一步计算旅游者与旅游景点互动时间后，得到旅游者平均花 2h 45min 全部游览六盘山小南川和凉殿峡景区。旅游者在景区停留期间，有89.1%的受访者会与旅游景点发生接触，其余时间则是直接通过。在游览旅游景点数量方面，旅游者约游览 10 处景点，占全数旅游景点的70%以上。

根据观察记录，整理得出各旅游景点的吸引力（AP）与持续力（PP），并参考将以上两项指数相乘（AP×PP），作为衡量旅游景点吸引程度的各项指标，结果如表 2.23 所示。

在各个旅游景点的旅游吸引力方面，基本上有两个特点非常值得注意：旅游景区景点具有特色和旅游景点与旅游者有较高程度互动。有此两类特征的旅游景点，其旅游吸引力排序就越靠前，如龙女出浴、梳妆石、瞭望塔、石桌、飞流直下依次为排名第一到第五的旅游景点。排序倒数 3 名的都是较为静态的旅游景点，依次为射箭场、相思水、敖包、相思亭等。然而，即使是吸引力表现不佳的旅游景点，仍然可以吸引 40%~60%的旅游者，可见小南川和凉殿峡景区内部任何景点对旅游者都有相当的吸引力。

表 2.23　凉殿峡与小南川景点旅游吸引力和持续力比较（*n*=236）

景区	景点	人数	吸引力 AP/%	排序	总时间/s	持续力 PP/s	排序	AP×PP	排序
凉殿峡景区	蒙古包	124	0.525	9	37 212	300.10	1	157.68	1
	瞭望塔	198	0.839	3	21 932	110.77	4	92.93	3
	敖包	97	0.411	11	603	6.22	13	2.56	13
	拴马桩	146	0.619	8	3 097	21.21	10	13.12	10
	石桌	187	0.792	4	11 585	61.95	6	49.09	4
	射箭场	47	0.199	13	9 400	200.00	2	39.83	5
小南川景区	梳妆石	213	0.903	2	6 592	30.95	8	27.93	7
	龙女出浴	236	1.000	1	35 400	150.00	3	150.00	2
	红桦林	148	0.627	7	1 872	12.65	12	7.93	11
	飞流直下	167	0.708	5	3 814	22.84	9	16.16	9
	相思亭	114	0.483	10	7 717	67.69	5	32.70	6
	相思水	97	0.411	12	1 803	18.59	11	7.64	12
	古树潭	153	0.648	6	5 652	36.94	7	23.95	8

　　但是，旅游景点有较高的旅游吸引力并不代表旅游者能够停留较长的时间，也就是说不能绝对预测其持续力的高低与否。在吸引力评价的基础上，通过统计旅游者停留时间，来确定旅游景区持续力的强弱也是衡量旅游开发是否成功的重要指标之一。根据现有各个景点的统计，持续力排序前 5 名的旅游景点为蒙古包、射箭场、龙女出浴、瞭望塔、相思亭。其中龙女出浴、梳妆石的吸引力表现最佳。持续力最差的第一位是敖包，倒数第二位与倒数第三位则分别是红桦林、相思水。对于持续力的排序可以发现，旅游景点持续力的长短与旅游景点开发设计有着较大的关系，影响持续力的原因除了旅游景点的自身特征之外，旅游者与旅游景点互动程度（如解说系统）及旅游景点的可参与性也是其中重要诱因。

　　为增加对旅游景点评价的客观性，研究将吸引力指数与持续力指数相乘，通过两项指数的进一步综合来评价旅游景点对旅游者的吸引力。最后结果得到排序前 5 名的旅游景点分别为蒙古包、龙女出浴、瞭望塔、石桌、射箭场。该指数排序在最后 3 位的旅游景点分别是红桦林、相思水、敖包。因此，综合而论，蒙古包、龙女出浴、瞭望塔等是景区内部最能够吸引旅游者的 3 项旅游景点。相对的，红桦林、相思水、敖包的吸引程度却不尽理想。

2. 旅游者偏好原因分析

　　综合考虑景点的吸引力与持续力显然是一种客观评估旅游者偏好的方法。但是如果要深入了解旅游者被景点所吸引或是在某些景点停留的原因，便更可以知道旅游景点成功与否的深层内涵。除了吸引力与持续力之外，本研究亦使用一般访谈形式来探询旅游者最喜欢及最不喜欢的旅游景点。通过访谈，在 236 份观察样本中，共访谈 216 人，表 2.24 呈现了旅游者最喜欢的景点人次。旅游者最喜欢的景点依次是龙女出浴、瞭望塔，与综合考虑指标大致相符。由于有 38 位旅游者回答数超过一项，故其总和会略多于 216 次。根据表 2.24，旅游者最喜欢的项目以龙女出浴最多（158 次），约七成旅游者认为该景点"有山泉、叠瀑，景色十分优美"，也有人认为"此景点是下南川景区最美丽的地方"。受喜爱第二名的旅游景点为"瞭望塔"（89 次），因为该景点"利用木头搭建而成，看起来很有味道"，还有超过三成的旅游者认为该景点"登上去看景很舒服，能体验古时情景"。

　　也有旅游者表示没有不喜欢的景点。可能的解释：①六盘山生态旅游区优美的自然生态环境和山水景观虽然得到旅游者肯定，但是许多景点因为标志系统不清楚，对具体旅游景点旅游者难以留下太深的印象，所以不太容易说清楚。②旅游者可能普遍是以放松游憩的心情来游览国家公园的，加上其停留时间较短，因此较不容易对特定景点产生具体的"不喜欢"情绪。然而，研究发现吸引力越高的旅游景点，在最喜欢回答中越常被提及。这显然非常有实际意义，旅游者仅能针对可以吸引他们的旅游景点做想法上的回馈，对于不感兴趣景区基本没有什么意见和想法。

表 2.24　旅游者喜欢程度与旅游吸引力比较

景点名称	最喜欢人次	排序	AP×PP	排序
凉殿峡景区				
蒙古包	9	8	84.24	4
瞭望塔	89	4	102.25	3
敖包	0	11	2.58	13
拴马桩	11	6	13.24	10
石桌	4	9	38.32	6
射箭场	3	10	133.33	2
小南川景区				
梳妆石	64	2	28.17	8
龙女出浴	158	1	150.00	1
红桦林	13	5	8.00	12
飞流直下	16	3	16.30	9
相思亭	11	7	57.28	5
相思水	0	11	11.52	11
古树潭	4	9	31.73	7
都喜欢的	23			

2.5.3　旅游者游览时间与旅游者特性的关联性

本研究欲了解不同区域、年龄与旅游方式的旅游者的平均游览时间是否有所差异，因此使用三因子变异数分析（three way ANOVA）来探讨不同旅游者特性与游览时间的差异性（表 2.25）。结果发现，区域、年龄与旅游方式组成三者的

表 2.25　不同区域、年龄与旅游方式特征的游客与总游览时间的三因子变异数分析

	df	平均值	F 值	P 值
年龄	3	50 135	3.71	0.013**
旅游方式	3	29 579	2.21	0.087
区域	1	5 581	0.51	0.509
年龄×旅游方式	9	19 639	1.51	0.170
年龄×区域	3	32 736	2.41	0.063
旅游方式×区域	3	24 324	1.81	0.145
年龄×旅游方式×区域	9	9 931	0.81	0.483
标准误	168	14 003		
总计	215			

**表示差异达到 0.05 的显著水平

交互作用（interaction）并没达到统计上的显著水平（$P=0.483$）；至于两因子间的交互作用，年龄与旅游方式组成（$P=0.170$）、年龄与区域（$P=0.063$）、区域与旅游方式组成（$P=0.145$），也都没达到统计上的显著水平。关于区域、年龄与旅游方式组成对旅游者的平均游览时间所造成的主效应（main effect），表 2.25 显示年龄不同的旅游者，其游览时间有显著的差异（$P=0.013$），其中，中老年旅游者（30~65 岁）这一年龄层的旅游者与青少年旅游者（18 岁以下）（65.9s）相比，其游览时间有显著差异。主要原因可能是六盘山景区以自然风光为主，景点与游客间缺乏相互的沟通，但老年人行动较慢，因此体会较深。至于不同旅游方式的旅游者（$P=0.087$），与不同区域的旅游者（$P=0.509$），其游览时间则都没有显著的差异。

2.5.4　小结与讨论

通过非参与式调查方法研究旅游者对六盘山国家森林公园旅游偏好，结果发现，旅游者平均约花费 2h 45min 完成小南川和凉殿峡两个景区游览，有 89.1%的旅游者完成所有景点的游览活动。旅游者最喜欢的景点有蒙古包、龙女出浴、瞭望塔等。对停留时间与旅游者地域特征、年龄及旅游方式三因子变异系数进行分析可知，不同年龄的旅游者，其游览时间差异显著。在此基础上，作者认为六盘山生态旅游区未来旅游开发，有以下几点值得关注。

（1）提高旅游景点吸引力是生态旅游区未来旅游开发的首要前提。

许多学者研究认为，唤起注意力是旅游景区景点开发能否成功的首要条件（Bitgood，1988；Wagar，1976），这也是评价游客参观行为的一项基本指标。Wagar（1976）的旅游者反应层级图显示，为了较高层级目标（如行为与态度的改变）的实现，较低层级（如吸引力与持续力等）目标的实现是重要前提。从本研究来看，对旅游者吸引力最低的几个旅游景点，都是较少被游客提及的最喜欢或是最不喜欢的单元。也就是说如果旅游者对开发景点没有最起码的印象，显然也就无法对其发表意见。研究结果也证明旅游者对景点的心理意向偏好程度与其现实行为的吸引程度等量化指标大致相符，基本上符合上述结论。因此，通过旅游者现实行为与心理意向对比分析，可以认为旅游吸引力指数与持续力指数可以作为衡量旅游景点开发是否成功的较为简单易行的基础评价指标之一。

（2）重视旅游景点与旅游者互动和参与是景点成功开发的另一重要环节。

Bitgood（1988）认为，非正式教育的学习强调经验的品质、态度与感受的程度。通常，旅游者是透过旅游方式间的互动与意见交流而学习的。互动参与式旅游景点，有助于提升旅游者的游览兴趣，容易引起旅游者的共鸣，且对旅游者持续旅游时间有鼓励的作用。生态观光休闲型旅游者在景区内停留时间较短是自然保护区普遍存在的问题。研究发现，对于小南川景区中的数个自然类型景点，除了在景观极佳的龙女出浴，旅游者停留的时间较长外，在其他景点的停留时间都相对较短。而对凉殿峡景区的景点，虽然在景区总体面积和景点直线距离上都远远低于小南川景区的景点，但是由于其采用大量交互式的开发设计，基本上所有旅游者都完成了旅游景点的游览，部分旅游者在某些旅游景点的旅游时间甚至超过了小南川景区最美的自然类旅游景点，平均参观时间大幅提升，这证实互动能力较强的旅游点的吸引力与持续力的确远远能够延长旅游者的游览时间，且增加旅游者的游兴。如何提高自然型生态旅游区旅游景点的吸引力和持续力是规划者未来思索如何吸引游客的重要参考。

（3）综合考虑六盘山生态旅游区旅游景点开发，满足不同旅游者需求。

研究结果表明，旅游者区域特征、旅游组织方式与旅游持续时间并没有显著的相关性，但是不同年龄的旅游者，其游览时间差异显著。这是因为不同旅游者由于年龄差异，在旅游经验、环境认知及精神和体力上有着较大差异。显然精力旺盛的青少年旅游者在操作模式上往往不同于成人，这些都是未来开发规划中需要注意的问题。因此，建议对六盘山生态旅游区开发规划，加强旅游标志系统建设，要在各个景点创造生动有趣的展示设计，字体醒目，并加上能吸引旅游者驻足的生动标题，这些都有助于提升景点的吸引力与持续力。此外，建议旅游区解说员积极介入旅游者的游览行程，以增进其游览内涵。还可配合开发介绍景点特征及整体理念的导览手册来提升旅游者的兴趣。

参 考 文 献

保继刚, 等. 2000. 旅游开发研究[M]. 北京: 科学出版社: 48~63.

陈健昌, 保继刚. 1988. 旅游者行为研究及其实践意义[J]. 地理研究, 7(3): 44~51.

陈利顶, 傅伯杰. 2000. 干扰的类型、 特征及其生态学意义[J]. 生态学报, 20(4): 581~586.

杜丽, 吴承照. 2013. 旅游干扰下风景区生态系统作用机制分析[J]. 中国城市林业, 01: 8~11.

风笑天. 2005. 现代社会调查方法[M]. 武汉: 华中科技大学出版社.

胡爽. 2008. 重庆市生活污染源产排污系数研究[D]. 重庆: 重庆大学硕士学位论文: 32~37.

陆林. 1996. 山岳风景区旅游者空间行为研究[J]. 地理学报, 51(4): 315~321.

马耀峰, 梁旺兵. 2005. 基于亲景度的美国旅华市场拓展研究——以我国六大旅游热点城市为例[J]. 旅游学刊, 20(1): 35~38.

马耀峰, 梁旺兵, 苏红霞, 等. 2005. 旅华外国游客旅游消费偏好的实证研究[J]. 地理与地理信息科学, 21(6): 96~99.

聂献忠, 张捷, 吕菽菲, 等. 1998. 九寨沟国内旅游者行为特征初步研究及其意义[J]. 自然资源学报, 13(3): 249~255.

苏红霞, 马耀峰. 2005. 基于亲景度: SWOT 方法的旅游客源市场分析——以西安市的英国客源市场为例[J]. 干旱区资源与环境, 19(5): 146~149.

王红燕, 李杰, 王亚娥, 等. 2009. 化粪池污水处理能力研究及其评价[J]. 兰州交通大学学报, 28(1): 118~124.

王玉华, 方颖, 焦隽. 2008. 江苏农村"三格式"化粪池污水处理效果评价[J]. 生态与农村环境学报, 24(2): 80~83.

邬建国. 2007. 景观生态学: 格局、 过程、尺度与等级[M]. 2 版. 北京: 高等教育出版社.

吴必虎. 1994. 上海城市游憩者流动行为研究[J]. 地理学报, 49(2): 107~127.

张卫. 1993. 旅游消费行为分析[M]. 北京: 中国旅游出版社: 250.

张雅梅, 朱玉芳, 李若凝. 2009. 生态旅游的景观干扰探析[J]. 中国农学通报, 14: 99~103.

中华人民共和国住房和城乡建设部. 2006. 室外排水设计规范(GB50014-2006).

中华人民共和国住房和城乡建设部. 2010. 西北地区农村生活污水处理技术指南.

Alderman C L. 1990. A Study of the Role of Privately Owned Lands Used for Nature Tourism, Education and Conservation[M]. Unpublished report, Conservation International, Washington, DC, USA: 66.

Backman K F, Potts T D. 1993. Profiling nature-based travelers: southeastern market segments. Unpublished report[R]. USA: Strom Thurmond Institute, Clemson, SC.

Barkmann J, Cerda C L, Marggraf R. 2005. Interdisziplinäre analyse von naturbildern: notwendige voraussetzung für die ökonomische bewertung der natürlichen umwelt[J]. Umweltpsychology, 9(2): 10~28.

Barnes J I, Schier C, van Rooy G. 1999. Tourists' willingness to pay for wildlife viewing and wildlife conservation in Namibia[J]. South African Journal of Wildlife Research, 29(4): 101~111.

Bateman I J, Carson R T, Day B, et al. 2002. Economic valuation with stated preference techniques: a manual[J]. Northampton MA: Edward Elgar.

Birchard W, Proudman R D. 2000. Appalachian Trail Design, Construction, and Maintenance[M]. 2nd edition. Harpers Ferry, WV, USA: Appalachian Trail Conference: 237.

Bitgood S. 1988. Empirical relationship between exhibit design and visitor behavior[J]. Environmental and Behavior, 20(4): 474~491.

Botterill T, Crompton J. 1996. Two case studies: exploring the nature of the tourist's experience[J]. Journal of Leisure Research, 28(1): 57~82.

Brundtland Commission. 1987. Our common future: Report of the World Commission on Environment and Development[J]. UN Documents Gatheringa Body of Global Agreements.

Clawson M, Stewart C L. 1965. Environmental Perception and Behavior[M]. in English and Mayfield, eds. 211~213.

Cole D N. 1983. Monitoring the condition of wilderness campsites. Research Paper INT-302, US Department of Agriculture, Forest Service, Intermountain Forest and Range Experiment Station, Ogden, UT, USA: 10.

Cole D N, Petersen M E, Lucas R C. 1987. Managing wilderness recreation use: common problems and potential solutions[M]. General Technical Report INT-230, US Department of Agriculture, Forest Service, Intermountain Research Station, Ogden: 60.

Downs R M. 1970. Geographic space perception: past approaches and future prospects[J]. Progress in Geography, 2: 70~81.

Eymann A, Ronning G. 1997. Microeconometric models of tourists' destination choice[J]. Regional Science & Urban Economics, 27(6): 735~761.

Farrell T A, Marion J L. 2001. Trail impacts and trail impact management related to visitation at Torees del Paine National Park, Chile[J]. Leisure/Loisir, 26: 31~59.

Fodness D. 1994. Measuring tourist motivation[J]. Annals of Tourism Research, 21(3): 555~581.

Forman RTT, Godron M. 1986. Landscape Ecology[M]. New York: John Wiley & Sons.

Giongo F, Bosco-Nizeye J, Wallace G N. 1994. A study of visitor management in the world's national parks and protected areas[M]. Unpublished report, College of Natural Resources, Colorado State University, The Ecotourism Society, and International Union for the Conservation of Nature. Fort Collins: 137.

Haener M, Boxall P, Adamowicz W. 2001. Modeling recreation site choice do hypothetical choices reflect actual behavior[J]? American Journal of Agricultural Economics, 83(3): 629~642.

Hanley N. 1998. Using choice experiments to value the environment[J]. Environmental & Resource Economics, 11(3~4): 413~428.

Hanley N, Wright R E. 2001. Choice modelling approaches: a superior alternative for environmetnal valuation[J]? Journal of Economic Surveys, 15(3): 435~462.

Hensher D A, Rose J M, Greene W H. 2005. Applied Choice Analysis: A Primer[M]. Cambridge: Cambridge University Press, New York: Melbourne, Madrid, Cape Town, Saeo Pualo.

Hesselbarth W, Vachowski B. 1996. Trail construction and maintenance notebook[M]. 9623-2833-MTDC, USDA Forest Service, Technology and Development Program, Missoula: 139.

Hunter C, Green H. 1995. Tourism and the Environment: A Sustainable Relationship[M]? London: Routledge.

Koran J J Jr, Koran M L, Longino S J. 1986. The relationship of age, sex, attention, and holding power with science exhibition[J]. Curator, 29(3): 227~235.

Kozak M. 2002. Comparative analysis of tourist motivations by nationality and destination[J]. Tourism Management, 23(3): 221~232.

Leung Y F, Marion J L. 1996. Trail degradation as influenced by environmental factors: a state of the knowledge review[J]. Journal of Soil and Water Conservation, 51: 130~136.

Leung Y F, Marion J L. 2000. Recreation impacts and management in wilderness: A state-of-knowledge review[C]. Wilderness science in a time of change conference, 5: 23~48.

Leung Y F, Marion J L, Ferguson J Y. 1997. Methods for assessing and monitoring backcountry trail conditions: an empirical comparison. In: Harmon D. Making Protection Work: Proceedings of the 9th Conference on Research and Resource Management in Parks and on Public Lands, The 1997 George Wright Society Biennial Conference[M]. Michigan: The George Wright Society: 406~414.

Louviere J, Hensher D A, Swait J D. 2000. Stated Choice Methods: Analysis and Application[M]. Cambridge: Cambridge University Press.

Mansfield Y, Ya'acoub K. 1995. Patterns of tourist destination-choice and travel behaviour among members of the urban and rural arab community of israel: a comparative study of haifa and ibilin[J]. Geo-Journal, 35(4): 459~470.

Marion J L. 1991. Developing a natural resource inventory and monitoring program for visitor impacts on recreation sites: A procedural manual[M]. NPS/NRVT/NRR91/06, US Department of the Interior, National Park Service, Denver Service Center, Denver: 59.

Marion J L. 1994. An Assessment of Trail Conditions in Great Smoky Mountains National Park[M]. U. S. Department of Interior, National Parks Service, Southeast Region. Atlanta: 155.

Marion J L. 1995. Capabilities and management utility of recreation impact monitoring programs[J]. Environ Mgmt, 19: 763~771.

Marion J L, Farrell T A. 1998. Managing ecotourism visitation in protected areas. In: Lindberg K, Englestrom D. Ecotourism Planning and Management[M]. North Bennington, VT: The Ecotourism Society: 155~182, 244.

Marion J L, Leung Y F. 1998. International recreation ecology research and ecotourism management. In: Hammitt W E, Cole D N. Wildland Recreation: Ecology and Management[M]. New York, USA: John

Wiley & Sons, Inc.: 328~346.

Marion J L, Leung Y F. 2001. Trail resource impacts and an examination of alternative assessment techniques[J]. Park Recr Adm, 19: 17~37.

Norris R. 1994. Ecotourism in the National Parks of Latin America[J]. National Parks, 68: 33~37.

Schiff M R. 1971. The definition of perceptionsand attitudes. *In*: Sewell W R D, Burton I. Perceptions and Attitudes in Resources Management[M]. Ottawa: Information Canada: 7~12.

Wagar J A. 1976. Evaluating the Effectiveness of Interpretation[J]. Journal of Interpretation. 1(1): 1~8.

Wang B, Zhao R. 2002. A study on traveling behaviors of Xi'an residents[J]. Human Geography, (05): 21~34.

Wight P A. 1996. North American ecotourism markets: motivations, preferences and destinations[J]. Journal of Travel Research, 35: 3~9.

第3章 旅游活动游步道干扰及其响应

3.1 基于既成事实分析法的旅游活动干扰响应

大量有关保护区受冲击的研究将有利于深层次地探讨生态旅游的冲击影响，确定保护区研究和管理方案，并且有目的地开发冲击监测程序。特别是保护区步道和野营地等受游客影响最为强烈的设施，定量研究其受冲击程度已迫在眉睫。本研究着重调查分析当前保护区 3 个核心景区的自然环境受冲击情况。

3.1.1 "既成事实分析法"调查

研究采用"既成事实分析法"（after the fact analysis）：在旅游活动对环境冲击达到平衡状态的系统中，选择旅游使用量不同的地区，对旅游活动的冲击程度进行实地调查，对自然资源受冲击或改变程度进行比较与分析，并进一步分析资源受冲击程度与游客数量间的函数关系（Burden and Randerson，1972）。此法最大的优点为可迅速获取资料。台湾学者刘儒洲和曾家琳（2003）在合欢山公园运用此方法，选择 3 条步道，设定样区，以植群变化为指标，辅以土壤硬度变化，调查了步道两侧植群所遭受的践踏冲击效应。

旅游步道调查研究在 2006 年 10 月"黄金周"（十一后，六盘山进入冬季封山期，此时为全年累计旅游活动干扰的最高峰阶段）期间。旅游步道采样点选择在六盘山 3 个核心景区小南川、凉殿峡和野荷谷主要旅游步道两侧，这是旅游践踏最为集中、破坏最为严重的路段。3 个景区道路基本为自然状态形成的。其中小南川景区步道为简单石板铺面，铺面宽度较窄（仅 70~80cm），道路两边为乔、灌、草复合生态系统；凉殿峡景区旅游步道所在地为高山草甸生态系统，所在区域地势平坦，道路为土石路，未设铺面。野荷谷景区旅游步道位于华北落叶松针叶林林下。在调查样区以游道为中心，以步道边缘为起点，向两边延伸，分别设置 5 处样方（1m×1m）形成连续梯度，沿游道前行 5m 后，再设计两个重复。在样区边缘区域，5m 外游客未涉足临近同质区域，设置对照区（CK），基本设计如图 3.1 所示。

图 3.1　主要调查样区的设计
方框表示步道边缘样区，左边样区代码依次为（Ⅰ、Ⅱ、Ⅲ、Ⅳ、Ⅴ），右边为（对Ⅴ、对Ⅳ、对Ⅲ、对Ⅱ、对Ⅰ）

　　分别记录各样区出现植物种类、土壤覆盖度及土壤结实度等观测结果，并绘制曲线图，比照陡阶检验（scree test）方式，由陡降曲线转趋平缓的位置，分析旅游活动干扰对游道两侧的影响范围。各样区调查测量项目包括：①步道宽度，以皮尺测量样区所在步道实际宽度；②土壤结实度，采用环刀取样法，每个样区选择 3 个样点，采集表层土壤（0~10cm），返回实验室，采用电子天平测量等体积土壤质量，表征土壤结实度；③植物种类，以植物学名及中文名记录；④植物覆盖度，以百分率估计；⑤步道边坡坡度，以倾斜仪观测样区所在边坡倾斜角；⑥步道坡度，以倾斜仪观测样区地面及步道倾斜角。对受干扰样区与对照样区数据进行比较及统计后，可以估计各样区内植被及土壤遭受干扰后的响应程度。采用 Pearson 检验，以 STATISTICA 6.0 软件包统计各步道调查样区响应变量相关情形，作为选定研究不同生态系统受到干扰后监测指标因子的参考。

3.1.2　主要干扰响应变量指标构建

　　一般在监测游憩活动的冲击时，其所选定作为冲击监测的指标因子必须符合可直接观测、容易观测、与经营目标有直接相关及对使用情形具有相当的敏感性等 4 个条件（刘儒渊和曾家琳，2003）。

　　通过样区调查所得资料，经与对照区比较及统计后，可显示出各样区植被及土壤遭受干扰后的改变程度。各项干扰响应统计指标如下。

　　（1）植被覆盖度及种类的干扰指数：应用 Cole（1978）所提出的植被覆盖度减少率（cover reduction，CR）及植被变异度（floristic dissimilarity，FD）两种参数来计算。

$$CR（\%）=（C_2-C_1）\times 100/C_2$$

式中，C_2 表示未受影响对照样区的植被覆盖度；C_1 表示受干扰样区的植被覆盖度。

$$FD（\%）=\Sigma|P_{i1}-P_{i2}|/2，i=1，2，3，\cdots，I（植物种数）$$

式中，I 表示植物种总数；P_{i1} 表示某种植物 i 在受干扰区的数量；P_{i2} 表示该种植物在未受影响（对照）区的数量，用相对频度及相对覆盖度所合成的重要值表示。

（2）地表残留物覆盖度降低率（leftover reduction，LR）：

$$LR（\%）=（L_2-L_1）\times 100/L_2$$

式中，L_2 表示未受干扰的对照样区的残留物（主要为枯枝落叶层）覆盖度；L_1 表示受干扰样区的残留物覆盖度。

（3）土壤结实度增加率：将样区内各调查测量点土壤结实度测量结果加以平均，即得样区平均土壤结实度。土壤结实度（soil hardness increase，SHI）的多寡（与对照区相比较），可明显反映出土壤受干扰响应程度的大小。

$$SHI（\%）=（SHI_1-SHI_2）\times 100/SHI_2$$

式中，SHI_1 表示受影响样区的土壤结实度；SHI_2 表示未受影响对照区的土壤结实度。

（4）地表覆盖度响应指数（index of land cover impact，ILCI）：ILCI 是将各调查样区植被覆盖度减少率、植被变异度与地表残留物覆盖度降低率（主要为枯枝落叶层）（leftover reduction，LR）3 项地表干扰效应变量加以平均，可显示各样区综合响应程度：

$$ILCI（\%）=（CR+FD+LR）/3$$

依响应程度高低，将地表覆盖响应程度分为 5 个等级：1 级——ILCI 值在 20%以下，地表干扰程度轻微；2 级——ILCI 值为 20%~40%，地表干扰程度较轻微；3级——ILCI 值为 40%~60%，地表干扰程度中等；4 级——ILCI 值为 60%~80%，地表干扰程度严重；5 级——ILCI 值在 80%以上，地表干扰程度极为严重。

（5）可接受改变限度（limits of acceptable change，LAC）的测定：LCA 即可接受改变的极限，是全面考虑了上述因素对环境的影响而提出的一个环境容量替代概念。因此 LAC 理论是在对环境承载力概念的继承和对环境容量模型方法的革命性批判中产生的（李陇堂和米文宝，1995）。LAC 理论是美国资源保护方面的专家提出的，最初的体系规划灵感来源于美国学者 Firssell 的野外泛舟区域（boundary waters canoe area）营地研究。20 世纪 70 年代 LAC 作为一种规划体系最初用于美国 Wild Lands 的管理，随后这一理论应用于美国、加拿大、澳大利亚等许多国家的国家公园和保护区规划及管理之中，在解决资源保护和旅游发展之间矛盾的方面取得了很好的效果（UNEP，2015；宁夏计划委员会，1988）。LAC 理论不同于传统的纯数字计算的环境容量，而是一个完整的以一套 9 个步骤的管理过程来替代单纯的环境容量计算管理过程。最初的 LAC 规划系统（limit of acceptable change）的基本思想主要是制订特定的目标来管理游憩地点、控制活动使用水平以便限制其对社会和自然环境的冲击，这一实践过程使大量的研究和问题分析的最终结果趋向于管理系统的改善。

LAC 概念把重点放在积极规划和管理已有的、不当的和过度的使用上，来避免治疗的需要或事后的管理行为（Gossling，2002）。通俗地说，LAC 是一个系统框架，目的在于确定可以接收的资源使用方式，强调了该地区所需要的条件而不是该地区可以承受多少具体数量。它的确定需要对"什么是可接受的"有一个政治决策，并可能需要建立在管理者、使用者、专家等就"什么是不能超越的/使用极限"达成一致意见的基础上，定义出符合上述目标的保护/使用的一致标准，并对此进行长期监测。如果允许一个地区开展旅游活动，那么资源状况下降就是不可避免的，也是必须接受的，关键是要为可接受的环境改变设定一个极限，当一个地区的资源状况达到预先设定的极限值时，必须采取措施以阻止进一步的环境变化。当然 LAC 理论不是万能的，用于如下条件者：①必须有至少两个相互矛盾的目标，LAC 过程就是解决矛盾的过程；②所有矛盾目标在一定程度上必须建立折中；③必须使一个或多个矛盾的目标能最大限度地限制其他目标；④必须能够写出并达到最大限制目标的数量化标准，同时这些标准对于判断未来允许条件的变化必须是可用的。LAC 理论有完整的规划步骤（席建超等，2004）：①确定规划地区的课题和关注点；②保证区域资源和社会条件的多样性；③选择资源和社会条件的监测指标；④调查资源和社会条件；⑤为资源和社会条件确定标准；⑥制订区域资源和社会条件多样性类别替选方案；⑦为每个替选方案制订管理行动计划；⑧评价替选方案并选出一个最佳方案；⑨实施行动计划并监测资源和社会状况。

为了判断游客对环境冲击接受程度，选定步道旁 1m 范围内土壤裸露度（相对于植被覆盖度，CR）为指标，对其分级。具体分为 6 个土壤裸露等级，第 1 级土壤裸露为 0%；第 2 级 20%；第 3 级 40%；第 4 级 60%；第 5 级 80%；第 6 级 100%（即土壤完全裸露）。对游客进行问卷调查，统计分析受访者对游道旁土壤裸露情形无法接受改变的程度，并确定指标因子在调查区域的 LAC。

3.1.3 旅游践踏干扰响应调查结果

3.1.3.1 旅游践踏干扰响应范围比较

一般而言，步道沿线旅游践踏都是由步道边缘向两侧逐渐减弱的（陈立桢和简益章，1988）。通过旅游活动干扰响应指数变化曲线图（图 3.2，图 3.3）的陡阶检验，可以判定 3 个景区中旅游践踏干扰影响范围均在步道边缘 3m。且在 1~2m 样区地表覆盖度响应指数（ILCI）和土壤结实度增加率（SHI）变化最为剧烈，在第 3 样区及以外样区践踏干扰则相对较为稳定。从特定景区对旅游践踏干扰响应来看，1~3m，SHI 以野荷谷景区华北落叶松林下系统变化最为剧烈，凉殿峡高山草甸系统和小南川景区乔灌草复合生态系统增加率相对较小；IICI 则以小南川景区响应最为剧烈，而野荷谷和凉殿峡景区相对较弱。

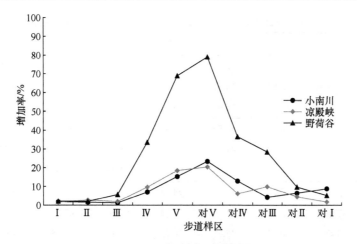

图 3.2 土壤结实度增加率（SHI）

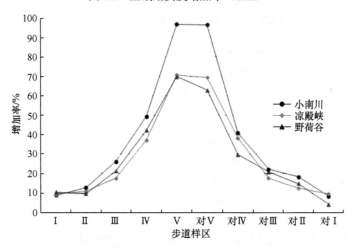

图 3.3 地表覆盖度响应指数（ILCI）

3.1.3.2 植物种群和土壤变化响应

通过对步道两侧 3m 样区内梯级小区与对照样区间的土壤结实度、地表植被覆盖度、植物种类及组成等资料的比较，经统计分析后将各步道植被覆盖度减少率（CR）、植被变异度（FD）及土壤结实度增加率（SHI）等 3 项主要干扰响应调查结果加以汇整，如表 3.1 所示，兹分别就各路段干扰响应分析如下。

（1）小南川景区：景区沿线道路基本沿河谷而行，其选择调查样区处于河谷溪流的下坡路，步道坡度为 35°~45°，多数为石板铺面或石阶，仅少数平缓处为泥土路面，上层林木郁闭，下层枯枝落叶层较厚。因旅游步道较窄，两侧原来较

表 3.1　各调查样区（1~3m）范围内干扰变量的梯度变化

响应指标	样区	III	IV	V	对V	对IV	对III	CK
地表残留物减少率（LR）/%	小南川	12.49	15.83	97.21	97.07	20.79	26.38	—
	凉殿峡	13.53	34.31	71.98	69.74	33.29	9.52	—
	野荷谷	17.51	26.91	49.42	30.98	19.07	6.38	—
植被变异度（FD）/%	小南川	30.77	53.85	94.62	96.92	61.54	15.38	—
	凉殿峡	33.34	41.67	83.33	75.42	41.67	16.67	—
	野荷谷	36.36	54.55	81.82	72.73	45.45	36.36	—
植被覆盖度减少率（CR）/%	小南川	35.23	78.76	98.78	95.98	40.87	25.27	—
	凉殿峡	5.76	35.73	57.23	63.54	40.26	27.15	—
	野荷谷	10.23	45.65	78.53	85.37	24.75	19.97	—
土壤结实度增加率（SHI）/%	小南川	1.29	7.09	15.21	23.33	12.92	4.24	—
	凉殿峡	1.88	9.68	18.50	20.38	6.17	9.90	—
	野荷谷	5.71	33.44	68.92	78.97	36.42	28.41	—

耐阴或植株较高的种类，如冰草（*Agropyron cristatum*）、东方草莓（*Fragaria orientalis* Losinsk.）等耐阴耐践踏的地被植物及枯枝落叶层，受游客践踏而减少或消失，造成土壤裸露的情形，尤以左边坡更为严重。从主要响应变量结果看，SHI 变化是 3 个景区中最小的，两侧 1m 样区内仅分别为 15.21%和 23.33%。而步道边 1m 内小区 CR 达到 98%，有些样区甚至出现土壤完全裸露，无任何植物存活情形；2m 范围小区 CR 减少情形较轻微，其 CR 值达 15.83%。地被植物种类变化也甚为显著，耐践踏植物，如冰草、莎草（*Gyperus* spp.）等较占优势，其 FD 在 1m 样区分别达到 94.62%和 96.92%。

（2）凉殿峡景区：景区步道坡度（10°~25°）及两侧坡面坡度均较为平缓，为典型高山草甸。本区游客最为集中。因主步道狭窄，游客对步道两侧践踏较为严重。调查结果显示，本路段地表残留物覆盖度降低率（LR）和 CR 的影响较小，地表植被的消长不如其他两个景区严重，各项干扰均相对较为轻微。两者响应变量 1m 范围内分别为 71.98%、69.74%和 57.23%、63.54%，但是干扰区植被变异度较为明显，1m 范围内耐践踏的冰草、辽东蒿（*Artemisia verbenacea*）、莎草等成为优势物种。距离步道 1m 样区内 CR、FD 及 LR 与 2m 和 3m 样区间反差较为强烈。SHI 在 1m 样区内分别为 18.50%和 20.38%，与周边地区相比变化不大。

（3）野荷谷景区：景区步道位于华北落叶松林下，本路段游客步行树林中即折返，而在华北落叶松林内部从事各项游憩活动。由于旅游步道及边坡坡度均较平缓，为 10°~20°，因此游客常并肩行走，或偏离主步道，以致植被消失、土壤裸露，旅游步道宽度扩张的情形较为严重。本景区是 SHI 变化最大的样区，1m 样区内分别为 68.92%和 78.97%。因调查时间在深秋，地表华北落叶松落叶层较厚，地表覆盖物变化相对较小，而植被变异度（81.82%，72.73%）和植被覆盖度减少率（78.53%，85.37%），仅次于小南川景区。路旁植物以耐阴东方草莓、矮卫矛（*Euonymus nanus*）等最为常见。

3.1.3.3　旅游践踏干扰响应程度

CR、FD 及 LR 等 3 项地表覆盖变量，经加权处理得到地表覆盖物响应指数（ILCI）及其分级。由表 3.2 可看出 3 个调查样区 ILCI 的程度差异。总体来看，3 个景区步道边缘 1m 样区均达到严重或非常严重程度。其中小南川调查路段干扰最为严重，ILCI 值高达 96.87%，达到了非常严重标准，凉殿峡和野荷谷景区调查路段 ILCI 值为 60%~70%，也达到了严重水平。而距离主步道 2m 和 3m 样区内，则 3 种生态系统间反差不大，基本都保持在 1~3 级的响应程度，但仍以小南川景区 ILCI 值（49.48%，41.07%）表现较为明显，达到 3 级水平。

表 3.2　各景区调查样区地表覆盖物响应指数（ILCI）评价

景区	III	IV	V	对V	对IV	对III
小南川	26.16++	49.48+++	96.87+++++	96.66+++++	41.07+++	22.34++
凉殿峡	17.54+	37.24++	70.85++++	69.57++++	38.41++	17.78+
野荷谷	21.37++	42.37+++	69.92++++	63.03++++	29.76++	20.90++

注：+代表 1 级；++代表 2 级；+++代表 3 级；++++代表 4 级；+++++代表 5 级

3.1.4　旅游践踏干扰效果的主要影响因子探讨

有研究指出，资源差异性、游客行为、规划建设及景区经营管理等 4 项为影响游憩冲击效应的主要因子，而各因子间也有复杂的交互作用（Hammitt and Cole，1998）。在景区自然发展态势下，旅游步道受冲击程度与经过步道的游客数量、分布、动向与游憩活动类型有着密切关系。但因为缺乏游客调查统计及其他相关信息，本研究并未予以量化分析与探讨。仅采用了 Pearson 相关检验分析方法，研究各调查样区旅游步道宽度、步道坡度与步道边坡坡度等 3 项影响因子，以景区步道两侧植被与土壤干扰效应间的相关性，来确定旅游步道各参数对旅游活动干扰的影响程度，其结果如表 3.3 所示。由该表可看出，LR、CR 及 SHI 均与旅游步道坡度、宽度、边坡坡度具有一定相关性，基本达到 0.01 的极显著水平；FD 则仅与步道宽度相关。究其原因或许是原生植被虽遭受践踏而减少或消失，但另有其他耐践踏物种适时入侵及繁衍。

表 3.3　影响旅游道路干扰效应的各因子相关分析结果（df=34）

主要参数	地表残留物 减少率（LR）	植被变异度 （FD）	植被覆盖度 减少率（CR）	土壤结实度 增加率（SHI）
步道坡度	−4.459**	−0.488	−4.257**	−5.915**
步道宽度	3.855**	8.425**	2.958**	2.572*
边坡坡度	−3.963**	−0.045	−3.846**	−5.375**

* 表示达到 0.05 显著水平；** 表示达到 0.01 显著水平

3.1.5　旅游践踏干扰的可接受改变限度（LAC）

在调查期间就游客对旅游步道沿线旅游冲击的 LAC 进行了问卷调查。请游客参考所附的 6 张不同土壤裸露（相对于植被覆盖度）等级的照片，调查游客认为其无法接受的水平程度，并据此确定调查地区的 LAC。131 个受访游客的问卷统计分析见表 3.4。受访游客认为土壤裸露度在 4 级（60%）以上，认可比例最高，约占 52.7%；其次为第 3 级，占 21.4%。另有 1.5% 要求步道边缘 100% 覆盖。而仅极少数（6.1%）认为土壤完全裸露（第 6 级）才无法接受。受访者平均无法接受的等级为 3.78 级，土壤裸露度约为 55.7%。据此初步判定可接受改变限度（LAC）为步道旁 1m 范围内 CR 不得高于 55.7%。对照实地调查结果，如表 3.5 所示，各调查样区 1m 范围内 CR 值均大于 LAC，显示均超过可接受改变限度。其中小南川景区达到了难以接受程度。而 1m 以外，基本在可接受范围之内。

表 3.4　受访者对步道旁 1m 范围内土壤裸露度可接受改变限度（LAC）反应

受访者	土壤裸露度的等级（CR）						平均数	
	1（0%）	2（20%）	3（40%）	4（60%）	5（80%）	6（100%）	数值	CR/%
人数	2	14	28	69	12	8	3.78	55.7
所占百分比/%	1.5	10.7	21.4	52.7	9.2	6.1		

表 3.5　各景区步道两边植被覆盖度减少率　　　　（单位：%）

样区	I	II	III	IV	V	对 V	对 IV	对 III	对 II	对 I
小南川	1.203	0.865	35.23	80.76*	98.78*	95.98*	40.87	25.27	0.976	0.761
凉殿峡	0.986	0.573	5.76	35.73	94.23*	97.54*	40.26	0.145	0.086	0.073
野荷谷	0.975	0.377	10	45.65	97.53*	90.37*	24.75	4.973	0.875	0.077

* 植被覆盖度减少率（CR）大于 LAC（55.7%）

3.1.6　小结与讨论

旅游活动对自然环境的响应最容易反映在土壤和植物种群的变化上，并影响游客的感受，因此备受研究者和管理者的重视（Chin et al.，2000；Cole，1987；

Kuss et al.，1990）；通常相关研究方式主要包括 3 种：既成事实分析、长期监测分析及模拟试验 3 种。比较此 3 种研究方法的优点、缺点和适用性，以既成事实分析在管理监测上具有较高可行性，被国内外学者广泛采用。本研究也选择了土壤和植被变化响应变量，研究结论与已有成果具有一定的相似性（张森永等，2005；Cynthia et al.，2000）。研究结论如下。

（1）自然状态下，六盘山生态旅游区旅游践踏干扰主要集中在步道边缘 1~3m。但不同生态系统差异较大。其中乔、灌、草生态系统影响主要集中在步道两侧 1m 左右；高山草甸生态系统在 1~2m；华北落叶松林下步道影响范围则达到 3m 左右。

（2）采用地表覆盖物响应指数（index of land cover impact，ILCI）和游客可接受改变限度（limit of acceptable change，LAC）指标来衡量系统响应，在步道两侧 1m 范围内各 ILCI 均属 4 级和 5 级严重程度；1~2m 凉殿峡步道 ILCI 值（39%）较高，介于 1~2 级；而小南川与野荷谷步道 ILCI 值则属 1 级轻微影响程度。3m 及 3m 样区以外三者影响基本较小。游客对步道土壤裸露度可接受改变限度（LAC）为 55.7%，3 个样区 1m 范围内土壤裸露度均达到了游客不可接受的水平。

（3）旅游步道响应强弱与旅游步道坡度、边坡坡度及步道宽度具有一定相关性。Pearson 检验分析结果（表 3.6）显示，ILCI 与其他各项响应调查变量均显著相关，可以作为评估景区旅游综合响应程度的一项简易而有效的指标。

表 3.6 旅游活动干扰响应变量相关矩阵分析（$df=34$）

响应变量	地表残留物减少率（LR）	植被变异度（FD）	植被覆盖度减少率（CR）	土壤结实度增加率（SHI）	地表覆盖物响应指数（ILCI）
LR	1.00				
FD	0.83**	1.00			
CR	0.76**	0.85	1.00		
SHI	0.17	0.48*	0.46*	1.00	
ILCI	0.92**	0.95**	0.93**	0.87**	1.00

* 表示达 0.05 显著水平；** 表示达 0.01 显著水平

此外，根据现场勘察及定量调查研究结果，虽然六盘山生态旅游区旅游业发展相对于全国同类型景区较为滞后，但旅游活动的环境影响已开始显现。旅游践踏干扰所引起的旅游步道两侧植被覆盖度减少已开始影响到旅游步道沿线生态系统演替及游客游憩体验。因此，改变目前景区开发的无序状态，加强景区步道规划设计，规范游客旅游行为，建立景区环境长期调查监测系统，对制订游憩冲击防治策略，促进景区可持续发展具有重要现实价值。

然而到底该选用何者作为冲击监测指标最为简易可行，又能充分反映出冲击的程度，常令研究者或经营者难以取舍。就调查监测的实用性与所需的技术而言，其各有优缺点，其中植群覆盖度减少率（CR）因在野外调查时可以很容易地直接观测，统计上也较为简便，因此最常被选定作为可接受改变限度（limit of acceptable change，LAC）的指标因子。其缺点则是当植物的微生育地因游憩冲击而改变时，新的环境给具有再拓殖（recolonization）能力的植物生长的机会，而取代了原生的植物，致 CR 的调查结果可能无法充分反映出冲击的程度。

而调查植被变异度（FD）的变化，不但需要具备植物种类鉴识的能力，统计分析过程也较为繁复，此外不同的经营者与游客对植物种类改变的认知差异性极大，较难达成一致的共识，将其作为冲击监测的指标因子，不如 CR 来得简便和实用。但如果调查地区属于生态保护区，或以自然资源保育为主要经营目标，则其天然植群的变异无疑应受到高度的关切，则 FD 的调查评估，当列为重要的考虑因素之一。

植群冲击指数（IVI）为评估户外游憩区冲击效应的、客观而实用的监测指标。已如前述，在国内各生态旅游地，游客比较容易察觉的是旅游步道沿线地被植物的消失与土壤裸露所造成的视觉冲击，以及因旅游步道表面泥泞或产生冲蚀沟致崎岖难行所造成的不便，但是对植物种类的改变通常不会介意，甚至根本没有察觉。此外，游客主要活动范围的土地使用分区大多不属于生态保护区，旅游步道沿线植物种类的变化对经营管理单位而言，并不如土壤裸露或植被覆盖度的改变来得重要，何况调查 CR 的操作技术甚为简易，绝大部分的现场工作人员都能胜任。因此在进行森林旅游步道游憩冲击调查或 LAC 的测定时，单独采用植被覆盖度为指标因子，以 CR 的大小作为判别旅游步道冲击程度的指标应属可行。

至于土壤硬度的变化，虽可应用仪器简易地直接测量，但若调查样区的表土流失或地表为石砾地则无法进行量测比较，因此 SHI 较适合作为辅助性的旅游步道冲击评估指标。

3.2 基于践踏实验旅游活动干扰的动态响应

3.2.1 践踏模拟实验设计及其方法流程

由人工模拟游客使用方式，精确控制使用强度，以观察其影响程度，缺点是所产生的冲击效应往往与实际有差距。践踏模拟实验法自 Wagar 于 1964 年创立以来，因其能够模拟人类旅游行为，利用小块未被干扰的植被来消除一些不确定因素而得到广泛应用。世界上许多地区，如北极冻原植被，美国落基山脉及苏格兰石楠群落等都采用此方法进行了有关研究（Monz et al., 1996；Cole, 1995；Bayfield, 1979）。模拟实验选择在 2007 年五一黄金周期间。实验样区选择在 3 个核心景区毗邻主要旅游步道两侧，没有或很少受到旅游活动影响的同质区域，具有潜在人类旅游活动的地方。其中小南川景区样区选择位于 35°21'49″N，106°16'46″E，海拔 1994m 处，为乔（主要物种）、灌（主要物种）、草复合植被类型；凉殿峡景区样区选择位于 35°23′12″N，106°16′49″E，海拔 2159m 处，地势较为平坦，为高山草甸植被类型；野荷谷景区样区选择位于 35°30′53″N，106°13′32″E，海拔 2330m 处，以华北落叶松针叶林为主植被类型，林冠层盖度为 85%。采用模拟人类旅游践踏的实验方法，践踏处理是按照 Cole 和 Bayfield（1993）提出的标准设计的。每种植被类型都包含有 3 个重

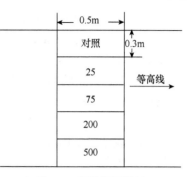

图 3.4　实验样区设计

复（1.5m×0.5m），每个重复里面包含 5 个处理（0.3m×0.5m），所有处理都沿着等高线平行设置（图 3.4），分别进行 0 步（对照，CK）、25 步、75 步、200 步和 500 步的践踏处理。以自然步态在调查样区样方里践踏一次即为一次践踏。践踏者体重为 67~70kg，鞋为平底旅游鞋。

实验观测调查分为 3 次进行，第一次在践踏前，第二次在践踏后两周，第三次在践踏后 3 个月后（8 月初，为植物处于最大生物量阶段）。调查观测主要内容是样区内每一个小样方（0.3m×0.5m）内植物群落和土壤硬度的变化。主要调查指标包括：样区内物种数量变化、相对盖度变化、相对高度变化、土壤硬度变化等。其中：①植物数量采用以单位样方里物种的个数计量；②植物覆盖度采用百分率估计；③植物高度，使用 2m 规格的卷尺测量，精确到 1cm；④土壤硬度采用便携式土壤硬度计进行测量，单位为 kN/cm^2。因小南川乔木和灌木植被及野荷谷华北落叶松林并不是地表植被，不会直接受到践踏处理影响，因此并不出现在实验结果中，研究主要对象为能够被旅游活动影响的地被植物变化。

3.2.2　不同植被类型及土壤硬度对践踏响应评价指标构建

通过样区调查观测，经与对照区比较及统计后，可显示出各样区植被及土壤遭受践踏干扰后的改变程度。各项统计方法如下。

（1）植被覆盖度的响应指数：应用 Cole（1978）所提出的植被覆盖度减少率（cover reduction，CR）来计算。

$$CR（\%）=（C_2-C_1）\times 100/C_2$$

式中，C_2 表示未受影响对照样区的植被覆盖度；C_1 表示在后续某一调查时段样区的植被覆盖度。

（2）植被种类的响应指数：应用 Cole（1978）所提出的植被变异度（floristic dissimilarity，FD）来计算。

$$FD（\%）=\Sigma\mid P_{i1}-P_{i2}\mid / 2 ，i=1，2，3，\cdots，I（植物种数）$$

式中，P_{i1} 表示某种植物 i 在后续某一调查时段样区的数量；P_{i2} 表示该种植物在未受影响（对照）区的数量，用相对频度（relative frequency）及相对覆盖度（relative coverage）所合成的重要值（important value）表示。

（3）植被高度的响应指数：应用植被高度降低率（height reduction，HR）参数统计法加以计算。

$$HR（\%）＝（H_2－H_1）\times 100/H_2$$

式中，H_2 表示未受影响对照区植物的平均高度；H_1 表示为后续某一调查时段样区植物平均高度。

（4）土壤硬度的响应指数：将样区内各测点 10cm 深度的土壤硬度加以平均，即得该样区的平均土壤硬度。土壤硬度增加率（soil hardness increase，SHI）的多寡（与对照区平均土壤硬度相比较），可明显反映出土壤受践踏冲击程度的大小。

$$SHI（\%）＝（SHI_1－SHI_2）\times 100/ SHI_2$$

式中，SHI_1 表示后续某一调查时段受冲击样区土壤硬度；SHI_2 表示未受影响对照区土壤硬度。

（5）可接受改变限度（limit of acceptable change，LAC）的测定：LAC 是从游客角度来衡量旅游活动干扰冲击是否合理的重要指标。为了判断游客对不同强度环境冲击的可接受程度，选定土壤裸露度（相对于植物覆盖度，CR）为指标，对其分级。具体分为 6 个土壤裸露等级，第 1 级（土壤裸露为 0%），第 2 级 20%，第 3 级 40%，第 4 级 60%，第 5 级 80%，第 6 级 100%（即土壤完全裸露）。对游客进行问卷调查，统计分析受访者对土壤裸露情形无法接受改变的程度，并确定指标因子在调查区域的 LAC。

3.2.3　基于模拟旅游践踏干扰响应结果分析

3.2.3.1　植被覆盖度和高度的响应

人类旅游践踏对植被最直接的影响表现在植被覆盖度和高度的变化上。总体而言，随着践踏强度的增加，植被覆盖度和高度呈降低趋势，随着时间推移，植被也呈逐渐恢复趋势。但是具体各种植被类型则差别较大。结果见表 3.7、表 3.8。

表 3.7　2 周、3 个月后样区植被覆盖度动态响应（CR，%）

践踏次数	小南川		凉殿峡		野荷谷	
	2 周	3 个月	2 周	3 个月	2 周	3 个月
CK	13.0	40.9	5.0	6.0	180.0	271.8
25	−20.6	23.8	−11.6	11.7	213.1	234.5
75	−40.0	−0.6	−31.9	11.7	48.2	172.1
200	−63.2	−17.0	−44.8	−5.8	−39.4	58.1
500	−88.2	−20.4	−76.5	−11.5	−60.3	39.8

表 3.8　2 周、3 个月后样区植被高度的动态响应（HR，%）

践踏次数	小南川		凉殿峡		野荷谷	
	2 周	3 个月	2 周	3 个月	2 周	3 个月
CK	−6.5	6.0	16.5	25.7	4.9	11.6
25	−52.3	−24.3	1.5	32.6	−45.0	7.2
75	−63.1	−4.1	−6.7	5.8	−38.0	8.0
200	−68.8	−13.9	−15.1	−13.1	−42.5	−8.1
500	−79.9	−37.6	−20.4	−18.7	−53.0	−23.0

（1）小南川乔灌草植被对践踏抵抗能力最低。随着践踏强度增加，植被覆盖度呈降低趋势。2 周后，在适度处理（25 次）下，CR 为−20.6%，践踏对高度的影响最为明显，HR 为−52.3%。随着践踏强度增大，CR、HR 近乎直线上升，在重度（500 次）践踏处理下，CR 值高达−88.2%，HR 为−79.9%，土壤大部分裸露。恢复 3 个月后，适度（25 次）践踏处理植物覆盖度完全恢复，CR 为 23.8%，但是 HR 仍为−24.3%。而对于 75~500 次处理样区则没有恢复，其中重度践踏 CR 减小 20.4%，HR 减小 37.6%，样区有接近一半的土壤无植被覆盖。小南川植被为乔灌木林下植被，植物种类较少且稀疏，整体抵御践踏的能力较小，所以践踏后植物极易倒伏，容易受到践踏破坏，而且不易恢复。

（2）凉殿峡高山草甸植被抗践踏能力次之。恢复 2 周后适度处理（25 次）下，CR 为−11.6%，HR 为 1.5%，而随践踏强度增加 CR 降低迅速，但是低于小南川景区，特别是重度践踏（500 次）处理下，CR 为−76.5%，HR 为−20.4%。但 3 个月后，适度践踏（25 次）处理下，植被覆盖度与高度高于践踏前，CR 为 11.7%，HR 为 32.6%；但是重度践踏仍没有恢复，CR、HR 分别为−11.5%、−18.7%。凉殿峡植被为高山草甸植被系统，植物种类繁多，且以草本植物为主，比较密集，整体抗性较高。

（3）野荷谷华北落叶松林下地表植被对践踏承受能力最高。适度和轻度践踏（25 次、75 次）基本对植被无影响，仍维持较快生长态势，2 周后 CR 为 213.1%和 48.2%，但是 HR 值降低较大，为−45.0%和−38.0%；较重践踏（200 次）有较大变化，CR 为−39.4%，HR 为−42.5%；重度践踏（500 次）下，CR 为−60.3%，大部分地表裸露，HR 为−53.0%，高度降低一半以上。3 个月后，所有植被盖度都恢复到践踏前水平，并高于原有水平较多，轻度和适度践踏的 CR 值达到了 234.5%、172.1%；较重和重度践踏 CR 值也达到了 58.1%、39.8%，似乎适度践踏能促进植被生长态势。但是高度恢复较差，较重和重度践踏 HR 为−8.1%、−23.0%。

3.2.3.2 植被变异度的响应

总体而言，随着践踏强度增加，3 种植被类型 FD 都有增大趋势，但变化幅度不太剧烈，在 16% 以内，但是 3 个景区内部略有差异。结果见表 3.9。

表 3.9　2 周、3 个月后样区植被变异度响应（FD，%）

践踏次数	小南川		凉殿峡		野荷谷	
	2 周	3 个月	2 周	3 个月	2 周	3 个月
25	5.667	2.533	4.039	3.333	2.617	3.034
75	5.457	3.803	4.242	2.808	3.297	3.152
200	9.619	7.671	7.241	5.025	5.137	6.493
500	15.324	11.526	10.089	8.236	6.185	6.558

（1）小南川乔灌草植被变异度变化最大。随践踏强度增加 FD 有增大趋势，特别是重度践踏下，FD 增大为 15.324%，增加近 3 倍，且在 3 个月后调查，FD 仍达到 11.526%。这主要是样区内大量物种的消失所引起的。据统计，在 2 周内消失的物种有老灌草（*Geranium dahuricum*）、山荆子（*Malus baccata*）、广布野豌豆（*Vicia cracca*）、赖草（*Leymus secalinus*）、滨藜（*Atriplex canescens*）、龙牙草（*Agrimonia pilosa*）、甘肃山楂（*Crataegus kansuensis*）、节节草（*Equisctum ramosissimum*）、莎草科（Cyperaceae）；3 个月后消失的物种有山荆子、滨藜、甘肃山楂、李（*Prunus*）幼苗，其中新生物种有宽叶荨麻（*Urtica laetevirens*）、泽漆（*Euphorbia helioscopia*）。整个景区存留的基本都是耐践踏的物种。

（2）凉殿峡高山草甸植被变异度变化次之。恢复 2 周后适度践踏处理下，FD 为 4.039%，重度践踏 FD 为 10.089%，约增加 2 倍；3 个月后，虽然变异度相比 2 周时有所恢复，但不太明显，而且因践踏强度增加引起变异度变化，FD 仍呈增加趋势。这也主要是景区内物种变化引起的，但是相比小南川景区，变化物种显然较少。2 周后凉殿峡消失物种主要有豆科植物广布野豌豆、鹅绒委陵菜（*Potentilla anserina*）等，此外，新的物种演替也在发生，3 个月后有新生种龙牙草、草木樨（*Melilotus officinalis*）、琉璃草（*Cynoglossum zeylanicum*）、叉歧繁缕（*Stellaria dichotoma*）等。

（3）野荷谷华北落叶松林下地表植被变异度变化最低。恢复 2 周后，适度践踏下，FD 仅为 2.617%，恢复 3 个月后重度践踏下 FD 为 6.558%，是 3 个调查区内物种变化最小的。同样，野荷谷植被类型也存在物种消失和重新演替的过程。2 周后消失物种有莓叶委陵菜（*Potentilla fragarioides*）、水杨梅（*Geum urbanum*）、风毛菊（*Saussurea gossypiphora*）、段报春（*Primula maximowiczii*）；3 个月后有新生种银莲花（*Anemone cathayensis*）、毛果堇菜（*Viola collina*）、山尖子

（*Cacaliahastata*）、华北落叶松（*Larix principis-rupprechtii*）幼苗。这主要是因为林下生态系统物种类型较少。

3.2.3.3 土壤结实度的响应

10cm 深处土壤硬度测量结果表明，土壤硬度随着践踏强度增加而明显增大，说明人类践踏是导致景区土壤结块、硬度增加的主要原因。同样土壤硬度的变化也随着时间推移有所恢复，但区域差别也较为明显，结果见表 3.10。

表 3.10 2 周、3 个月后样区土壤硬度的动态响应（SHI，%）

践踏次数	小南川		凉殿峡		野荷谷	
	2 周	3 个月	2 周	3 个月	2 周	3 个月
CK	−0.96	1.65	7.06	7.84	1.97	−1.87
25	34.91	28.30	20.73	15.85	23.77	−1.79
75	48.12	36.02	18.51	11.39	22.99	10.28
200	111.30	58.26	45.42	18.68	35.69	5.39
500	146.22	90.76	70.39	35.00	50.17	54.19

（1）小南川乔灌草植被 SHI 最高。小南川景区土壤冲击影响程度较其他两个景区严重，2 周后，从低到高其 SHI 增大到 146.22%。即使经过 3 个月恢复后，重度践踏的 SHI 增加也接近 90.76%，这与本景区土壤含水量、腐殖质含量较高，土质较为松散有较大关系。

（2）凉殿峡高山草甸植被 SHI 次之。该景区冲击程度没有小南川景区明显，恢复 2 周后重度践踏（500 次）SHI 增加至 70.39%，3 个月后，重度践踏 SHI 增加至 35.00%。而对于较重（200 次）以下的践踏处理，则恢复到践踏前的水平，SHI 增加维持在 20% 以下，可见较重以上践踏要恢复原来情况也至少需要 3 个月以上的时间。

（3）野荷谷华北落叶松林下植被 SHI 最小。对于重度践踏，恢复 2 周后 SHI 为 50.17%，恢复 3 个月后为 SHI 为 54.19%，而对于其他程度的践踏，则在 3 个月后全部恢复原来的硬度，这可能和华北落叶松林下土壤主要为砂石土壤有密切关系。

3.2.4 旅游活动干扰强度与主要响应变量之间关系探讨

在模拟实验条件下，采用了 Pearson 相关检验分析方法，研究了冲击强度与各个响应变量之间的关系，其结果如表 3.11 所示。由该表可看出，践踏强度与植被变异度（FD）、植被覆盖度减少率（CR）、植被高度降低率（HR）及土壤结实度增加率（SHI）均具有一定相关性，基本达到 0.05 的显著水平。通过此表可以发现旅游践踏与植被及土壤变化影响之间的相互关系。

表 3.11　2 周、3 个月后践踏强度与主要响应变量指标相关性分析

	践踏强度		FD		CR		HR		SHI
践踏强度	1								
FD	0.750**	0.864**	1						
CR	−0.861**	−0.699*	−0.633*	−0.455	1				
HR	−0.692*	−0.696*	−0.474	−0.678*	0.098	0.395	1		
SHI	0.606*	0.696*	0.710**	0.792**	−0.301	−0.576*	−0.868**	−0.708**	1

注：标注深色为 2 周后相关性，而无标注为 3 个月后相关性

*表示达 0.05 显著水平；**表示达 0.01 显著水平

3.2.5　不同时期植被响应程度与可接受改变限度（LAC）的关系

由表 3.12 所示，旅游者可接受改变限度（LAC）土壤裸露度约为 55.7%。据此初步判定植被覆盖度（CR）LAC 不得低于 44.3%（席建超等，2008）。对照实地调查结果，如表 3.8 所示，3 个景区内各调查样区 LAC 差别较大，其中小南川景区在践踏后 2 周和 3 个月，植被覆盖度都较小，超过了 LAC 的范围。凉殿峡景区内较重（0~200 次）以下践踏影响较小，无论在 2 周或者是 3 个月后，基本上都在LAC 范围之内，特别强调的是，对于 200 次的践踏强度，3 个月后，土壤裸露度减少为 14.561%。但是重度践踏后（500 次），在 2 周后，LAC 超过了阈值范围，而 3 个月后，则又恢复到可接受水平。而野河谷植被在恢复 2 周时间后，仅在较为轻度（0~75 次）践踏下可保持在 LAC 以下，在 75~500 次践踏后，变化剧烈，都在 LAC 以上，其中 500 次践踏土壤裸露程度达 89.929%。在 3 个月后，75 次以下践踏可恢复到 LAC 以下，而 200 次和 500 次践踏后仍高于 LAC 水平。

表 3.12　各植被类型不同时期可接受改变限度测量（LAC）

践踏次数	调查样区土壤裸露度/%					
	小南川		凉殿峡		野荷谷	
	2 周	3 个月	2 周	3 个月	2 周	3 个月
0	71.665*	64.669*	14.476	4.572	29.584	15.039
25	83.749*	74.669*	24.563	4.667	36.667	24.863
75	87.906*	79.951*	41.876	4.676	69.859*	44.667
200	88.827*	74.83*	49.921	14.561	84.646*	59.933*
500	97.033*	80.033*	79.967*	24.681	89.929*	64.576*

* 植被覆盖度减少率（CR）大于 LAC（55.7%）

3.2.6　小结与讨论

践踏实验尽管不能精确模拟人类活动影响，但是这些方法效果明显，能够为管理决策提供有效参考。研究结论如下。

（1）随着人类旅游践踏强度增加，不同植被类型都表现出高度降低，盖度下降，种群发生较大变异，土壤硬度增加等负面效应。在后续 2 周和 3 个月后，各种植被类型虽然表现出相当的恢复能力，但其负面影响仍在持续。这说明旅游践踏使一些植物组织受到损伤甚至折断，植物需要重新分蘖或长出新芽以保证个体的完整性，所以其高度低于正常植株。同时践踏也加速了生态系统发生新的演替，如此种践踏不被限制或制止，很容易导致倒伏植物死亡消失。

（2）不同植被类型对践踏的承受能力和恢复能力差别较大。其中小南川景区乔灌草植被类型变化最大，凉殿峡高山草甸植被次之，野荷谷华北落叶松林下植被类型变化最小。

（3）结合 LAC 测定，小南川土壤裸露度在处理前后，地表植被均超过了 LAC 阈值；凉殿峡景区仅在 500 次处理下，2 周后 LAC 超过阈值，3 个月后，恢复到 LAC 阈值以内；野河谷景区在 75~500 次践踏后，2 周内基本都超过 LAC 阈值以上。3 个月后 200 次和 500 次处理 LAC 仍超过阈值水平。所以，瞬间饱和状态下高强度的旅游冲击很容易对植被带来巨大的破坏，会影响到旅游者旅游体验。在目前整个六盘山自然保护区缺乏规划建设的前提下，必须采取适当措施合理控制旅游高峰期，以保障旅游区可持续发展。当然，植物生长发育受诸多因素影响，如植物自身生长发育规律、植物生长外部环境条件（如气候、降水、土壤等），显然不能完全精确评估其过程，这也是今后工作关注的重点之一。

3.3　基于践踏实验的典型植被对旅游活动干扰的敏感性研究

3.3.1　植被践踏敏感性表征指标构建

通过样区调查，经与对照区比较及统计后，可显示出各样区植被遭受干扰后的敏感程度，每种植被最初变化是以相对盖度及最终相对盖度的恢复程度来衡量的。同时，相对盖度也用于计算其物种的变化。相对盖度的计算采取以下方式：①统计各个物种盖度，最后统计调查样方的总盖度，根据总盖度计算调查样方的相对盖度；②计算各种植被类型的相对盖度，相对盖度可以用修正系数（cF）来进行修正。

$$C_r = \frac{C_a}{C_b} \times cF \times 100\%$$

式中，C_r 表示相对盖度；C_a 表示践踏后小样方盖度；C_b 表示为践踏前小样方盖度；cF 表示修正系数，其计算公式如下：

$$cF = \frac{C_{ack}}{C_{bck}}$$

式中，C_{ack} 表示对照小样方原盖度；C_{bck} 表示对照小样方现盖度。每个践踏处理样方经 2 周和 3 个月后恢复后，计算相对植被盖度。为了避免误差，在分块基础上进行分析。以各种植被类型的相对盖度为基础，将典型植被敏感性指标分解为抗性、耐性和弹性指标，3 种植被类型的抗性、耐性和弹性指数可以用以下指标来表示（Sun and Liddle，1993）。

（1）抗性指数（resistance index，I_S）：抗性是植被抵抗践踏引起改变的能力。抗性指数（I_S）可以用 2 周后 0~500 次践踏植被平均相对盖度来表示。

（2）耐性指数（tolerance index，I_T）：耐性是停止践踏后植被恢复能力，是植被忍受周期干扰并且复原的能力。耐性指数（I_T）类似于 I_S，是 3 个月后 0~500 次践踏处理水平相对盖度的替换值。

（3）弹性指数（resilience index，Ie）：Ie 是在 3 个月中相对植被盖度的变化，用 2 周后的变化率来表示。

$$\text{Ie} = \frac{(I_T - I_S)}{(100 - I_S)} \times 100$$

为了单独分析 3 种植被类型中 33 个单个物种敏感性，同样采用相对盖度值来计算每一物种的抗性指数、弹性指数和耐性指数。其中对于 3 种植被类型的整体变化，定义为植被相对敏感性，而对于 3 种植被类型中个体物种的变化，则定义为物种绝对敏感性。为了便于判断典型植被和物种的敏感级别，以选定各个敏感性指数为指标，对其分级。分级标准见表 3.13。

表 3.13　3 种主要敏感性指数分级

等级	敏感性指数（抗性、耐性和弹性）	表征符号
1 级	30%以下	*
2 级	30%~60%	**
3 级	60%~90%	***
4 级	90%以上	****

3.3.2　3 种植被类型的相对敏感性分析

所选择的 3 个景区中生态系统的 3 种植被类型能对践踏产生立即或延迟反应。

3 种植被类型抗性指数、耐性指数和弹性指数表现出较大的差异。

3.3.2.1　相对抗性

2 周后，3 种植被类型抗性指数的变化为从 14.159% 的小南川乔灌草植被到 59.624% 的凉殿峡高山草甸植被，如表 3.14 所示。小南川乔灌草植被类型中，仅仅在 25 次践踏下就失去近一半的实际覆盖度；野荷谷华北落叶松林下植被类型中，仅 75 次践踏就能使覆盖度降低到 30.134%；而凉殿峡高山草甸植被抗性较强，直到 500 次践踏才使植被覆盖度发生较大变化。从各个植被类型的抗性指数看，3 种植被类型抗性指数为中下等水平，凉殿峡植被抗性最高。相比之下，小南川植被和野荷谷植被抗性整体来说比较脆弱，容易受到人类干扰的影响。其中小南川乔灌草植被抗性指数为 14.159%，野荷谷植被抗性和凉殿峡植被的抗性相对较高，分别达到 2 级抗性水平，抗性指数分别为 37.860% 和 59.624%。

表 3.14　3 种植被类型的抗性分析　　　　（单位：%）

践踏次数	小南川	凉殿峡	野荷谷
CK	28.325	94.536	70.417
25	16.251	75.434	63.331
75	12.100	58.112	30.134
200	11.159	50.048	15.358
500	2.961	19.991	10.061
IS	14.159[*]	59.624[**]	37.860[**]

*表示 1 级；**表示 2 级

3.3.2.2　相对耐性

3 种植被类型对践踏反应的耐性差异较大。从耐性指数看（表 3.15），其变化为从乔灌草植被类型的 26.799% 到高山草甸植被类型的 90.506%。相比较而言，凉殿峡景区高山草甸类型对于各种践踏强度表现最为平均，表现出较强耐性，从

表 3.15　3 种植被类型的耐性分析　　　　（单位：%）

践踏次数	小南川	凉殿峡	野荷谷
CK	36.652	95.706	116.543
25	24.335	94.159	168.738
75	20.093	92.132	72.193
200	28.426	87.764	34.266
500	24.488	82.768	29.347
I_T	26.799[*]	90.506[****]	84.217[***]

*表示 1 级；***表示 3 级；****表示 4 级

25~500 次践踏，在 3 个月后基本全部恢复到原有水平；小南川乔灌草耐性最小；而野荷谷华北落叶松林下植被类型，表现出两极分化的状态，对于轻度践踏（25次）相对盖度增加至 168.738%，而对重度践踏植被盖度则降低至 29.347%，但总体耐性水平表现最高。3 个景区植被类型中凉殿峡景区植被属于高抗类型植被（90.506%），相比之下，小南川植被抗性较小（26.799%），植被整体来说耐性比较脆弱，容易受到人类旅游活动干扰的影响。

3.3.2.3　相对弹性

植被弹性指数是各种植被类型的抗性和耐性共同作用的结果。从相对弹性大小看，其与植被的抗性和耐性的大小是一致的，但是 3 种植被类型的弹性差别较大，如表 3.16 所示。3 种植被类型中，小南川景区乔灌草植被类型弹性最小，为15.347%，林下草本层植被属于弱弹性植被类型；野荷谷景区华北落叶松林下植被次之，为 66.044%；凉殿峡高山草甸植被为 78.017%，属于高弹性植被类型。

表 3.16　3 种植被类型的弹性分析　　　　　　　　（单位：%）

弹性次数	小南川	凉殿峡	野荷谷
Ie	15.347*	78.017***	66.044***

*表示 1 级；***表示 3 级

3.3.3　3 种植被类型中主要物种的绝对敏感性分析

绝对敏感性是相对于相对敏感性而言的，是 3 种植被类型中各个物种在不同践踏处理后物种盖度上的绝对变化，同样，它也可以分解为绝对抗性、绝对耐性和绝对弹性，经过统计计算，3 种植被类型中绝对敏感性的变化如下。

3.3.3.1　绝对抗性

研究结果表明，3 种植被类型中，不同物种抗性差异较大，如表 3.17 所示。在野荷谷华北落叶松林下生态系统中物种最为稀少，仅为 13 种，其中有 3 个物种绝对抗性达到了 3 级水平，6 个物种达到 2 级抗性，其他 4 个物种 2 周后全部消亡；小南川景区乔灌草生态系统中物种较为丰富，共 15 个植物类型，有 7 种植物表现出较高的抗性，达到 3 级，有 5 种物种全部消失；凉殿峡高山草甸系统是物种最为丰富的，共由 19 种草本植物构成，其抗性也最强，有 4 个物种绝对抗性达到了4 级，6 个物种达 3 级，其中消失物种也是最少的，仅有 2 个物种消失。

3.3.3.2　绝对耐性

植被耐性表示植被抵抗人类活动干扰及自我恢复的能力，是许多植物形态学

表 3.17　3 种植被类型中主要物种的绝对抗性分析　（单位：%）

野荷谷		小南川		凉殿峡	
植物种类	抗性	植物种类	抗性	植物种类	抗性
蒲公英	74.351***	莎草	86.523***	鼠掌老鹳草	139.13****
风毛菊	72.776***	猪秧秧	82.339***	委陵菜	127.68****
香青	68.906***	冰草	78.579***	牧地山黧豆	117.66****
冰草	59.009**	鼠掌老鹳草	78.194***	银莲花	94.93****
银莲花	56.485**	薹草	75.99***	鹅绒委陵菜	82.299***
莓叶委陵菜	55.55**	野豌豆	70.696***	琉璃草	81.113***
辽东蒿	52.979**	辽东蒿	62.337***	蛇莓	80.603***
东方草莓	46.813**	矮卫矛	57.062	东方草莓	76.713***
假水生龙胆	44.641**	苔草	49.335	水杨梅	75.254***
野胡萝卜	0	白花碎米芥	22.5	假水生龙胆	67.806***
龙牙草	0	稠李幼苗	0	莎草	56.705**
山荆子	0	东方草莓	0	辽东蒿	47.415**
华山松幼苗	0	泽漆	0	车前	45.692**
		毛果堇菜	0	冰草	40.387**
		宽叶荨麻	0	蒲公英	40.127**
				草木樨	32.86**
				野胡萝卜	19.087*
				野豌豆	0
				小毛茛	0

*表示 1 级；**表示 2 级；***表示 3 级；****表示 4 级

特征的一种功能。耐性更多地关联于植被的弹性而非抗性。3 个月后调查表明，3 种植被类型中不同物种随着时间推移，其耐性也表现出较大的差异，如表 3.18 所示。野荷谷华北落叶松林下植被类型有 2 个物种表现出了较高耐性，达到 4 级水平，6 个物种在 3 级范围内，有 5 个物种全部消亡，耐性指数为零。值得注意的是，香青（*Anaphalis sinica*）前期表现出较高的抗性，但是在耐性上低于抗性级别相同的物种，而表现出较高抗性的莓叶委陵菜（*Potentilla fragarioides*）在 3 个月后全部消失。小南川乔灌草系统物种耐性两极分化最为剧烈。原来抗性较高的 5 个物种耐性达到 4 级以上，2 个物种到 3 级水平，而且在原有 4 个物种 2 周后消失的情况下，3 个月后又有 2 个物种消亡。凉殿峡高山草甸系统中，大多数物种都表现出了较高耐性，有 8 个物种耐性水平在 4 级，6 个物种达到 3 级水平，2 种植物为 2 级，消失物种没有发生变化。

3.3.3.3　绝对弹性

弹性是抗性和耐性共同作用的结果，比较践踏 2 周和 3 个月后物种恢复程度，

表 3.18　3 种植被类型主要物种的绝对耐性分析　　（单位：%）

野荷谷		小南川		凉殿峡	
植物种类	耐性	植物种类	耐性	植物种类	耐性
假水生龙胆	121.264[****]	鼠掌老鹳草	151.451[****]	琉璃草	216.12[****]
蒲公英	113.597[****]	野豌豆	148.639[****]	鼠掌老鹳草	163.872[****]
风毛菊	89.322[***]	辽东蒿	139.872[****]	牧地山黧豆	151.065[****]
银莲花	86.145[***]	薹草	92.431[****]	假水生龙胆	120.092[****]
辽东蒿	73.15[***]	猪秧秧	91.366[****]	鹅绒委陵菜	116.912[****]
东方草莓	70.827[***]	莎草	88.912[***]	委陵菜	114.316[****]
香青	66.294[***]	冰草	72.005[***]	草木樨	99.197[****]
冰草	64.712[***]	毛果堇菜	53.527[**]	银莲花	97.926[***]
龙牙草	0	矮卫矛	0	冰草	85.172[***]
莓叶委陵菜	0	白花碎米荠	0	东方草莓	79.779[***]
野胡萝卜	0	稠李幼苗	0	辽东蒿	77.846[***]
华山松幼苗	0	宽叶荨麻	0	水杨梅	77.423[***]
山荆子	0	泽漆	0	莎草	68.313[***]
		东方草莓	0	车前	68.248[***]
				蛇莓	43.119[**]
				蒲公英	30.877[**]
				野胡萝卜	23.496[*]
				野豌豆	0
				小毛茛	0

*表示 1 级；**表示 2 级；***表示 3 级；****表示 4 级

各景区内不同物种间植物表现出不同弹性，且差异较大，如表 3.19 所示。在野荷谷华北落叶松林下系统中，与耐性相一致，有 2 个物种为 4 级水平，2 个物种为 3 级水平，但是弹性在整体表现上，相对于其他两种类型，弹性指数相对较低，2 个物种为 2 级水平，2 个物种变为负值。小南川乔灌草系统中是 3 种植被类型物种弹性变化对比最为强烈的，在所有物种中，其中有 3 个物种弹性指数达到 4 级水平，4 个物种弹性为 0，3 种植物 2 周后发育受到影响，相对盖度减少，弹性为负数。凉殿峡高山草甸系统是 3 种植被类型中高弹性物种最多的，有 4 个物种达到 4 级水平，1 个物种达到 3 级，5 个物种为 2 级，有 3 个物种发育受到影响，弹性为负值。

3.3.4　小结与讨论

（1）六盘山生态核心景区的典型植被的抗性、耐性和弹性指数具有一致性。其基本排顺为，凉殿峡高山草甸植被>野荷谷华北落叶松林下植被>小南川乔灌草植被。其中凉殿峡和野荷谷植被对践踏的耐性和弹性较大，都属于 3 级水平，相

表 3.19　3 种植被类型中主要物种的绝对弹性分析　（单位：%）

野荷谷		小南川		凉殿峡	
植物种类	弹性指数	植物种类	弹性指数	植物种类	弹性指数
蒲公英	153.011****	鼠掌老鹳草	335.946****	琉璃草	714.813****
假水生龙胆	138.410****	冰草	265.981****	鹅绒委陵菜	195.540****
银莲花	68.160***	辽东蒿	205.865****	假水生龙胆	162.408****
风毛菊	60.778***	薹草	68.473**	草木樨	98.803****
东方草莓	45.149**	毛果堇菜	53.527**	冰草	75.127***
辽东蒿	42.900**	猪殃殃	51.113**	银莲花	59.098**
冰草	13.913*	莎草	17.723*	辽东蒿	57.870**
华山松幼苗	0	东方草莓	0	鼠掌老灌草	54.092**
龙牙草	0	宽叶荨麻	0	委陵菜	48.279**
山荆子	0	稠李幼苗	0	车前	41.533**
野胡萝卜	0	泽漆	0	莎草	26.811*
香青	−8.399	白花碎米荠	−29.032	东方草莓	13.167*
莓叶委陵菜	−124.972	野豌豆	−30.692	水杨梅	8.766*
		矮卫矛	−132.893	野胡萝卜	5.449*
				小毛茛	0
				野豌豆	0
				蒲公英	−15.450
				牧地山黧豆	−189.160
				蛇莓	−193.250

*表示 1 级；**表示 2 级；***表示 3 级；****表示 4 级

比之下，小南川植被则较为脆弱，但是具体到物种个体间差别较大。

（2）小南川乔灌草植被各个物种抗性和耐性指数表现得最为敏感，无论是 3 周还是 3 个月后的统计调查中，消失的物种类型最多，为 6 种，其次是野荷谷华北落叶松林下系统，为 5 种，而凉殿峡仅有 2 个物种消失。

（3）3 个景区中消失物种主要以蔷薇科的山荆子[*Malus baccata*（L.）Borkh.]、龙牙草（*Agrimonia pilosa* Ledeb.）、稠李（*Prunus padus*）幼苗、莓叶委陵菜（*Potentilla fragarioides* L.）和豆科广布野豌豆（*Vicia cracca* L.）为主。这可能是处于萌芽阶段的乔木或者灌木幼苗和较为娇嫩的双子叶植物在生长敏感期，具有高度敏感性。

参 考 文 献

保继刚, 楚义芳, 彭华. 1993. 旅游地理学[M]. 北京: 高等教育出版社.
陈立桢, 简益章. 1988. 减少游乐活动对自然环境冲击之对策[J]. 台湾林业, 14(8): 29~38.

李陇堂, 米文宝. 1995. 宁夏城镇地貌初步分析[J]. 宁夏大学学报(自然科学版), 16(3): 73~77.

刘儒渊, 曾家琳. 2003. 合欢山区步道冲击之研究[J]. 台大实验林研究报告, 7(3): 141~151.

宁夏计划委员会. 1988. 宁夏国土资源[M]. 银川: 宁夏人民出版社: 120~125.

席建超, 葛全胜, 成升魁, 等. 2004. 旅游消费生态占用初探——以北京市海外入境旅游者为例[J]. 自然资源学报, 19(2): 224~229.

席建超, 胡传东, 武国柱, 等. 2008. 六盘山生态旅游区游步道对人类践踏干扰的响应研究[J]. 自然资源学报, 23(2): 274~284.

张森永, 应绍舜, 刘儒渊, 等. 2005. 东北角草岭古道沿线植群与土壤冲击之研究[J]. 台大实验林研究报告, 19(2): 89~101.

Alderman C L. 1990. A study of the role of privately owned lands used for nature tourism, education and conservation[M]. Unpublished report, Conservation International, Washington: 66.

Backman K F, Potts T D. 1993. Profiling nature-based travelers: southeastern market segments[M]. Unpublished report, Strom Thurmond Institute, Clemson.

Bayfield N G. 1979. Recovery of four montane heath communities on Cairngorm, Scotland, from disturbance by trampling[J]. Biological Conservation, (15): 165~179.

Brundtland Commission. 1987. Our common future: report of the world commission on environment and development[J]. UN Documents Gatheringa Body of Global Agreements.

Burden R F, P F Randerson. 1972. Quantitative studies of the effects of human trampling on vegetation as an aid to the management of semi-natural areas[J]. Journal of Applied Ecology, (9): 439~457.

Chin C L M, Moore S A, Wallington T J. 2000. Ecotourism in Bako National Park, Borneo: visitors' perspectives on environmental impacts and their management[J]. Journal of Sustainable Tourism, 8(1): 20~35.

Cole D N. 1987. Effects of three seasons of experimental trampling on five montane forest. communities and a grassland in western Montana, USA[J]. Biological Conservation, 40: 219~244.

Cole D N. 1995. Experimental trampling of vegetation. II. Predictors of resistance and resilience[J]. Appl Ecol, 32: 215~224.

Cole D N, Bayfield N G. 1993. Recreational trampling of vegetation: standard experimental procedures[J]. Biological Conservation, 63: 209~215.

Giongo F, Bosco-Nizeye J, Wallace G N. 1994. A study of visitor management in the world's national parks and protected areas[M]. Unpublished report, College of Natural Resources, Colorado State University, The Ecotourism Society, and International Union for the Conservation of Nature. Fort Collins: 137.

Gossling S. 2002. Global environmental consequences of tourism[J]. Global Environmental Change, 12: 283~302.

Hammitt W E, Cole D N. 1998. Wildland Recreation: Ecology and Management(2nd ed.)[M]. New York: John Wiley and Sons, Inc., N. Y.

Hunter C, Green H. 1995. Tourism and the Environment: A Sustainable Relationship[M]? London: Routledge.

Kuss F R, Graefe A R, Vaske J J. 1990. Visitor impact management: a review of research[R]. National Parks and Conservation Association, Washington, D. C.

Leung Y F, Marion J L. 1996. Trail degradation as influenced by environmental factors: a state of the knowledge review[J]. Journal of Soil and Water Conservation, 51: 130~136.

Marion J L, Farrell T A. 1998. Managing ecotourism visitation in protected areas. In: Lindberg K, Englestrom D. Ecotourism Planning and Management[M]. North Bennington, VT: The Ecotourism Society: 155~182, 244.

Marion J L, Leung Y F. 1998. International recreation ecology research and ecotourism management. In: Hammitt W E, Cole D N. Wildland Recreation: Ecology and Management[M]. New York: John Wiley & Sons, Inc.: 328~346.

Monz C A, Meier G A, Buckley R C, et al. 1996. Responses of moist and dry arctic tundra to trampling and warmer temperatures[J]. Ecol Soc Am, 77(3): 311.

Sun D, Liddle M J. 1993. Plant Morphological characteristics and resistance to simulated trampling[J]. Environmental Management, 17(4): 511~521.

UNEP. 2015. Principles on the implementation of sustainable tourism[EB/OL]. www.uneptie.org/pc/tourism/policy/principles. htm [2015-1-16].

Wagar J A. 1964. The carrying capacity of wild lands for recreation Forest Science Monograph 7[M]. Washington: Society of American Foresters.

Wight P A. 1996. North American ecotourism markets: Motivations, preferences and destinations[J]. Journal of Travel Research, 35: 3~9.

第4章 旅游区水质变化对旅游活动
干扰的动态响应

4.1 旅游区水环境监测技术流程

4.1.1 采样时间

结合本研究的要求，每年采样7次，主要集中在每年五一之前（景区开放之前）和正常旅游季节5月、6月、7月、8月、9月、10月各采样一次。在汛前1次大雨或久旱后第1次大雨产流后，均增加一次采样。采样时间基本与水质污染程度和丰、平、枯的水情特征基本吻合，为了便于资料分析、对照，同一河段应力求同步采样。采取水样多少应根据测定项目而定，为确保分析质量的需要，可酌情增减。除了水的部分物理特性（如水温）和pH等容易变化的项目应在现场测定外，所有化学分析项目均应在室内进行分析。为了防止水样在运送途中变质，采取的水样应在现场分别加入保存剂。

4.1.2 采样区

分别在小南川上游、"龙女出浴"景点、小南川中游、小南川旅游区入口处、冶家民俗村旁泾河水域、野荷谷源头、野荷谷景区入口处、香水河沿岸某宾馆下游水域共8个断面，设立21个采样点，测定相应水环境物理、化学参数。各个采样点的地理位置及代表水域特征见表4.1。

表 4.1 采样地的地理位置及其代表水域功能

标号	采样点	代表区域	地理位置	采样水深
CKA	小南川上游	河段上游旅游区无人干扰水域（核心游览区）	35.358°N，106.314°E	上层
A1	小南川"龙女出浴"景点	河段上游观光旅游污染水域（核心游览区）	35.358°N，106.314°E	上层
A2	小南川中游	河段中游服务区排放水域（核心游览区）	35.363°N，106.313°E	上层
A3	小南川旅游区入口处	河段中游较深的静止景观水域（旅游分界点）	35.365°N，106.313°E	上层
A4	冶家村民俗村旁泾河水域	河段中游乡村"农家乐"排放水域（旅游区外围）	35.365°N，106.313°E	上层
CKB	野荷谷源头	河段上游旅游区无人干扰水域（核心游览区）	35.519°N，106.222°E	上层
B1	野荷谷景区入口处	河段中游旅游服务区排放水域（旅游分界线）	35.514°N，106.252°E	上层
B2	香水河沿岸某宾馆下游水域	河段中游宾馆饭店排放水域（旅游外围区）	35.498°N，106.285°E	上层

监测指标和室内采样标准：水深（m）、水温（℃）、pH（无量纲）、溶解氧、高锰酸盐指数、化学需氧量（COD）、BOD5、氨氮（NH_3-N）、总磷（以 P 计）、总氮（以 N 计）、氟化物（以 F 计）、细菌总数、粪大肠菌群（个/L）、总悬浮物、电导率（EC）等 15 项主要水质参数的时空变化。除水深采用硬质探测杆及市售米尺现场测定外，其余各项水环境参数按照《地表水和污水监测技术规范》（HJ/T 91—2002）要求观测，并进行室内分析（表 4.2）。

表 4.2　采样点层次

水深/m	采样层次	说明
<5	上层	水面以下 0.5m，水深不足 0.5m 时，在水深 1/2 处采样
5~15	上、下层	下层指河底 0.5m 以上
>15	上、中、下层	中层是 1/2 水深

注：按照《地表水和污水监测技术规范》（HJ/T 91—2002）要求观测

4.2　旅游活动干扰水质动态响应

干扰是自然界无时无处不在的一种现象，直接影响着生态系统的演变过程。干扰是一个偶然发生的不可预知的事件，是在不同空间和时间尺度上发生的自然现象（陈利顶和傅伯杰，2000）。从总体进展来看，已有研究存在以下问题：①从数据获取途径来看，较少综合兼顾旅游活动干扰时空分布，主要以自然保护区既有数据为主，基本是以"点"代"面"；②相关研究基本上以静态截面研究为主，较少从旅游区水环境时空变化的动态角度进行研究；③较多重视旅游设施引发的水污染问题的研究，较少从旅游者感官体验来综合评价旅游水质变化响应。因此，本章尝试从上述视角进行探索性研究，综合分析旅游区水环境对人类旅游活动干扰活动的响应。鉴于六盘山生态旅游区在黄土高原的独特地位，其研究结论可以为科学认识旅游区水环境响应提供科学理论依据，有助于推进旅游区可持续发展。同时作为泾河、清水河等河流的源头，其水环境研究在国内同类型自然保护区中具有一定的代表性，对于国内诸多水源地型生态旅游区具有典型示范意义。

4.2.1　旅游活动干扰响应指标构建

根据样区调查数据，河流上、下游不同区段与对照区经比较及统计后，可显示出各样区水质受旅游活动干扰的响应程度。各项干扰响应统计方法如下。重点选择 3 类指标：水质感官干扰指数、水体富营养化指标和水体卫生指标，并构建响应指数，采用加权平均法研究水质对人类旅游活动干扰的总体响应。

（1）水质感官干扰指数（water organoleptic index，WQI）：选取感官性状指标，

以浊度和悬浮物作为主要参数，以水质感官受干扰程度（与对照样点的偏离度）为评价基准，采用均权的算术平均法，构建水质感官干扰指数（WQI）。反映水体景观对人类旅游活动干扰的响应程度。

$$\text{WQI} = \sum_{i=1}^{2} |S_i - S_0| / S_0 \div 2 \times 100 \tag{4.1}$$

式中，WQI 表示水质感官干扰指数；S_0 表示对照样点的水质感官干扰指数；S_i 表示受干扰样点的水质感官干扰指数。

（2）水体富营养化指数（water eutrophic index，WEI）：选取富营养化指标，以溶解氧、生化耗氧量、总氮、总磷作为主要参数，以水体受富营养化干扰程度与对照样点的偏离度为评价基准，采用均权的算术平均法，构建水体富营养化指数（WEI）。反映水体生态系统对人类旅游活动干扰的响应程度。

$$\text{WEI} = \sum_{i=1}^{4} |L_i - L_0| / L_0 \div 4 \times 100 \tag{4.2}$$

式中，WEI 表示水体富营养化指数；L_0 表示对照样点的水体富营养化指标；L_i 表示受干扰样点的水体富营养化指标。

（3）水体卫生指数（water healthy index，WHI）：选取细菌总数和粪大肠菌群数作为主要评价指标，以水体受微生物干扰程度与对照样点的偏离度为评价基准，采用均权的算术平均法，构建水体卫生指数（WHI）。反映水体可饮用性对人类旅游活动干扰的响应程度。

$$\text{WHI} = \sum_{i=1}^{2} (K_i - K_0) / K_0 \div 2 \times 100 \tag{4.3}$$

式中，WHI 表示水体卫生指数；K_i 表示对照样点的水体卫生指标；K_0 表示受干扰样点的水体卫生指标。

（4）旅游水环境干扰指数（tourism water environment disturbance index，TWEDI）：将各样点的水质感官干扰指数（WQI）、水体富营养化指数（WEI）、水体卫生指数（WHI）3 项水环境干扰指标进行加权平均，即为该样点的旅游水环境干扰指数（TWEDI），可显示出各样点水质环境综合响应程度。对于 3 个不同指标在水环境整体干扰中的地位和作用，借鉴已有的研究成果，进行综合评定，采用国际通行的水质评价方法，确定各指标的权重（申献辰等，2002），在地表水质评价中，WQI 为 0.3，WEI 为 0.4，WHI 为 0.3。

$$\text{TWEDI} = \sum_{i=1}^{3} Q_i \times P_i / 3 \times 100 \tag{4.4}$$

式中，TWEDI 表示水环境干扰指数；P_i 表示水环境干扰指标；Q_i 表示各指标的权重。依响应程度的高低，将水质干扰响应程度分为 4 个等级。

1 级——TWEDI 值在 50 以下，水体干扰程度轻微；2 级——TWEDI 值为 50~100，水体干扰程度中等；3 级——TWEDI 值为 100~150，水体干扰程度严重；4 级——TWEDI 值在 150 以上，水体干扰程度非常严重。

（5）可接受改变限度（limit of acceptable change，LAC）：LAC 是从旅游者角度来衡量旅游活动干扰冲击是否合理的重要指标，这种指标在国外被广泛作为制订旅游环境改善和选择替代方案的重要理论依据。本研究选取浊度作为评价指标，结合浊度与水色视觉美感的关系，以及六盘山生态旅游区的自身特点，对其分级。具体分为 5 个水体污染等级：清澈（0~5NTU）；十分轻微的混浊（6~10NTU）；轻微混浊（11~15NTU）；混浊（16~30NTU）；十分混浊（>30NTU）。对游客进行问卷调查，统计分析受访者对水体污染情形无法接受改变的程度，并确定指标因子在调查区域的 LAC。

4.2.2　旅游区水质变化对旅游活动干扰的响应

4.2.2.1　不同区段旅游区水质指标变化

总体来看，六盘山生态旅游区水质除个别指标外，其他基本上维持在一个较为稳定的水平，处于Ⅰ类和Ⅱ类水质范围内。按照国家《地表水环境质量标准》要求，从各个区段 6 个月内主要水质指标值在Ⅰ类、Ⅱ类、Ⅲ类水质标准范围内的分布频次来看（图 4.1），氨氮、COD 和 BOD5 均处于国家Ⅰ类水质标准范围内，而总磷、总氮及粪大肠菌群在部分采样点超标较为严重。从各个指标总体平均波动范围来看（表 4.3），其中源头水水质最好，处于Ⅰ类水质范围内；宾馆和民俗村附近水质较差，部分指标已接近Ⅲ类水质，核心游览区水质则处于Ⅱ类水质标准范围内。这是因为在未经处理的自然状态下，上游采样区基本上处于无干扰或较少干扰状态，而中游建有生态博物馆和餐饮设施，下游则集中了宾馆和民俗村。目前六盘山自然保护区对污水管理基本处于自然状态，餐饮住宿设施排放的粪便、洗涤污水中含有大量病原菌、寄生虫卵、碳水化合物、蛋白质、油脂等，这些物质未经任何处理，直接排放到水体中，引起藻类及其他浮游生物迅速繁殖，水体溶解氧量下降，水质恶化。旅游区在自然状态下水质状况受流域内自然和人类活动这两大类因素的影响，根据旅游规划的一般原则，景区日用水总量基本等于日污水排放总量，日污水排放总量的计算公式如下：$L=M \times P$；式中，L 为日用水总量，M 为日接待游客总量，P 为人均用水量，一般观光游客为 40L/天。据此研究，高峰日的日用水量是 48 万 L，如果考虑餐饮和住宿的用水量，实际用量比上述数字更大。显然下游餐饮住宿类旅游活动对水质的影响远远大于传统游览观光，这与旅游区节水意识和用水效率显然有密切关系。总体来看，旅游区节水意识较差，用水效率低，这是总磷、总氮和粪大肠菌群大量增加的主要原因。

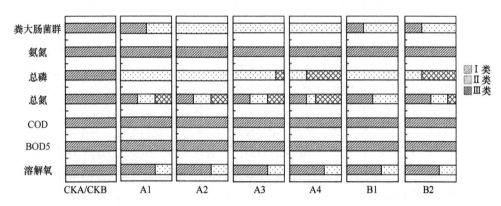

图 4.1　不同区段水质指标测量值在水质范围（Ⅰ类、Ⅱ类、Ⅲ类）的出现频率

表 4.3　不同区段旅游季节内主要水质指标平均值

测定地点	悬浮物 / (mg/L)	溶解氧 / (mg/L)	五日生化需氧量 / (mg/L)	总氮 / (mg/L)	总磷 / (mg/L)	粪大肠菌群 / (个/L)
CKA	8.46（+）	9.17（+）	0.98（+）	0.13（+）	0.02（+）	144.76（+）
A1	8.58（+）	8.85（+）	0.98（+）	0.32（++）	0.06（+）	196.08（+）
A2	9.71（+）	8.79（+）	0.98（+）	0.37（++）	0.07（+）	361.41（++）
A3	10.21（+）	8.75（+）	0.98（+）	0.44（++）	0.09（+）	502.42（++）
A4	12.96（+）	8.56（+）	1.50（+）	0.50（+++）	0.12（++）	817.35（++）
CKB	9.46（+）	9.34（+）	1.23（+）	0.11（+）	0.02（+）	91.73（+）
B1	9.58（+）	9.05（+）	1.23（+）	0.18（+）	0.06（+）	367.24（+）
B2	11.96（+）	8.95（+）	2.01（+）	0.35（++）	0.12（++）	385.50（++）

注："+"代表"Ⅰ类"水质标准范围；"++"代表"Ⅱ类"水质标准范围；"+++"代表"Ⅲ类"水质标准范围

4.2.2.2　不同区段旅游区水质响应程度变化

根据旅游水质变化响应指数，从旅游水环境感官指数、水体富营养化指数及水体卫生响应指数在不同空间的变化曲线图可以看出，从上游到下游，旅游区不同样点对旅游环境干扰响应的程度均差异较大。其中：①在小南川旅游区和野荷谷旅游区，两者不同采样点主要水质环境响应指标在旅游季节内的变化存在一定的一致性。3种指标响应变化中，以水质感官响应最弱，水质富营养化居中，水体卫生响应则最为强烈，如图4.2所示。②从源头到下游，随着旅游活动干扰方式的转变，各个指标响应程度逐渐增加，当样点为宾馆和民俗村时，响应值达到最高。

其中在小南川区段，源头与下游比较，下游最高响应指数达到了342.74，在野荷谷区段，下游的响应指数也达到了219.65。而水质感官干扰指数在下游两个区段响应指数则维持在70~90。

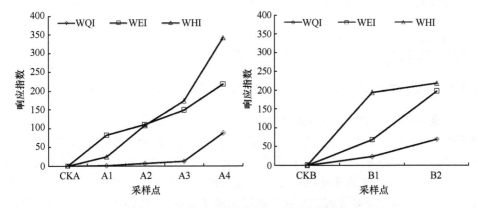

图 4.2　不同区段主要旅游水质指标响应变化

对采样立面与对照样区间统计分析后将各水质感官干扰指数（WQI）、水体富营养化指数（WEI）、水体卫生指数（WHI）三者综合计算，可以得出各个区段水质总体干扰响应指数 TWEDI，如表 4.4 所示，分别就各断面干扰响应分析如下。从综合分析看，干扰响应程度与水质变化具有一定的一致性，对照区和观光区基本上冲击相对较小，响应不太强烈，而在分界线和休闲度假区，水质综合干扰响应较为剧烈，达到了 3 级和 4 级的水平。

表 4.4　各区段旅游水环境干扰综合响应评价

采样点	TWEDI/%	代表区域	水环境响应级别
CKA	0.00	河段上游旅游区无人干扰水域（核心游览区）	0
A1	40.68	河段上游观光旅游污染水域（核心游览区）	1
A2	78.92	河段中游服务区排放水域（核心游览区）	2
A3	115.62	河段中游较深的静止景观水域（旅游分界点）	3
A4	216.71	河段中游乡村"农家乐"排放水域（旅游区外围）	4
CKB	0.00	河段上游旅游区无人干扰水域（核心游览区）	0
B1	93.08	河段中游旅游服务区排放水域（旅游分界线）	2
B2	166.09	河段中游宾馆饭店排放水域（旅游外围区）	4

此外，利用 SPSS16.0 软件对旅游水环境干扰指数（TWEDI）与水质感官干扰指数（WQI）、水体富营养化指数（WEI）、水体卫生指数（WHI）进行相关分析（correlation analyze）。结果表明（表 4.5），TWEDI 与其他相应变量显著相关，$P<0.05$，因此可作为评估旅游系统干扰响应程度的一项简易而有效的指标。

表 4.5　旅游水质干扰响应变量相关矩阵分析（df=24）

	旅游水环境干扰指数	水质感官干扰指数	水体富营养化指数	水体卫生指数
旅游水环境干扰指数	1			
水质感官指数	0.980**	1		
水体富营养化指数	0.946**	0.880*	1	
水体卫生指数	0.952**	0.939**	0.822*	1

*表示达到 0.05 显著水平；**表示达到 0.01 显著水平

4.2.2.3　旅游者对旅游区水质的可接受改变限度（LAC）评估

在调查期间对游客旅游区水环境旅游冲击的 LAC 进行问卷调查，请旅游者参考所附的 5 张不同水质浊度的照片，调查旅游者认为其无法接受的水平程度，并据此确定调查地区的 LAC。141 份受访游客对旅游区水质混浊等级的不可接受程度的问卷统计分析结果见表 4.6。显然，受访游客对生态旅游区水环境质量有着极高的要求，认为水质轻微混浊度在 3 级以上便无法接受的比例最高，约占 97.87%；而仅极少数（2.13%）的受访者认为水质浑浊和十分浑浊的才无法接受。全体受访者平均无法接受的加权浊度为 8.95NTU。据此初步判定六盘山生态可接受改变限度（LAC），即水质浑浊度不得高于 8.95NTU。

表 4.6　旅游者对旅游区水质浊度可接受改变限度（LAC）反应

受访者	水质混浊度					总数	平均值
	清澈	十分轻微的混浊	轻微混浊	混浊	十分混浊		
人数	11	88	39	2	1	141	8.95NTU
所占百分比/%	7.8	62.41	27.66	1.42	0.71		

对照本研究实地调查的主要旅游区水质浑浊度（值），由表 4.7 可以看出，即使在宾馆和民俗村，其浑浊度均小于 LAC，显示其均没有超过游客可接受程度。旅游区基本在可接受的范围之内，其中宾馆和民俗村的浑浊度接近 LAC。

表 4.7　不同区段对水质浊度与可接受改变限度（LAC）反应对比

测定地点	CKA	A1	A2	A3	A4	CKB	B1	B2
浊度	1.68	3.59	4.85	7.46	10.78	1.90	6.57	10.25

4.2.3　小结与讨论

旅游活动对生态旅游区的影响最容易反映在水质变化方面，并影响旅游者的主观感受，因此备受研究者和管理者的重视。本研究从水环境系统响应和旅游者主观认知的双重视角，构建水质感官干扰指数、水体富营养化指数、水体卫生指数及旅游水环境干扰指数，对旅游区水环境干扰响应进行研究。结果表明：①在生态旅游区不同区段，水质对人类旅游活动的干扰响应不同。自然状态下，旅游区水环境与人类旅游活动干扰活动方式相关，在旅游区核心游览、乡村民俗区及宾馆建设区差异较大。其中核心游览区变化较为有限，但是在民俗旅游区及宾馆饭店区则有不断加剧的趋势。总体来看，水质变化基本控制在Ⅱ类水质以内，但是个别指标超过Ⅲ类水质范围，其干扰强度却在 4 级，接近自然保护区水质要求的临界值。②采用旅游者可接受改变限度（LAC）指标来衡量受干扰旅游区水质的响应程度。旅游者对水质浑浊度的 LAC 为 8.95NTU，旅游区基本在可接受的范围之内，其中宾馆和民俗村的浑浊度接近 LAC。③旅游水环境干扰指数与其他各响应变量间显著相关，可作为评估旅游活动干扰系统响应程度的一项简易而有效的指标。

此外，根据研究结果，六盘山生态旅游区相对诸多国内同类型景区，旅游发展相对滞后，但旅游开发对景区内生态系统的影响已开始显现。目前六盘山旅游活动干扰已开始对旅游区水质环境及旅游者的游憩体验产生一定的负面影响。因此，旅游活动干扰所引起的水质变化已开始影响到景区水环境的生态环境，以及旅游者的游憩体验。因此，加强对六盘山生态旅游区水污染处理的规划设计，规范景区休闲度假旅游的发展，扭转放任发展的自然状态，建立景区水环境监测预警系统，制订减缓旅游区游憩冲击防治策略，促进旅游区可持续发展具有重要的现实价值。

4.3　旅游区水质时空变化评价

水质评价是正确认识生态旅游区水质结构的多要素综合性，预计水质发展趋势及其演变规律，寻找影响生态旅游区水质变化的主要污染因子和污染源，从而有针对性地制订改善生态旅游区水质的污染源治理方案和综合防治规划与计划的基础性科学工作。目前，水质评价已形成了多种方法，主要包括层次分析法、综合指数法、模糊评判法、灰色系统评价法、人工神经网络评价法等。但不同的研究者和研究领域，其评价标准和指标体系也存在着差异（徐燕和周华荣，2003；王群等，2005；石强等，2002；谢君和刘俐，1996；黄恢柏等，2002；卜跃先和柴铭，2001；彭瑞琦等，2001；陈治伟，1989；李向农等，1996；吴必虎和贾佳，2002；国家环境保护总局和国家质量监督检验检疫总局，2002）。因此，有必要结合生态旅游区自身的特点，在保证生态旅游区水质评价指标体系和方法统一的前提下，科学选择适合区域生态旅游区水环境特征和污染特点的评价指标体系和方法，提高评价结果的针对性和可比性。基于以上考虑，本文针对生态旅游区水质环境的特点，构建了水质综合评价的指标体系，然后利用物元分析理论，建立了水质综合评价的物元模型，并以西北典型的山地型生态旅游区六盘山旅游区为例进行了具体探讨。

4.3.1　生态旅游区水质物元评价模型

4.3.1.1　水质评价指标体系

通常国家水质监测标准包括 24 项指标（蔡文，1994）。但在进行水质评价时，不同的评价对象会需要不同的指标体系，如果这些指标都选取，则显得比较烦琐。如果考虑到生态旅游区水环境的特有特征，并据此选取有代表性的指标，则可以简化评价过程，起到事半功倍的效果。与传统地表水质评价环境不同，我国许多生态旅游区基本是与各类国家级自然保护区重合的，在旅游区内基本上没有农业和工业点源和面源污染的存在，人类旅游活动为旅游区最主要的污染源。在国家严格地保护措施下，旅游水环境恶化是在较高层次上恶化。因此，从自然保护区和旅游业发展的双重视角，指标选取除了考虑到一般评价水质的指标（如 DO、COD、BOD 等）外，还要根据六盘山生态旅游区水污染情况，更多地选择与旅游活动密切相关的指标，如水质感官性状指标（以浊度作为主要参数）、水体富营养化指标（以总氮、总磷、氨氮作为一般参数）、水质卫生指标（选取大肠菌群数为评价参数）等 8 个指标。

4.3.1.2　水质评价方法

物元分析（matter element analysis）是研究解决矛盾问题的规律和方法，是系统科学、思维科学、数学交叉的边缘学科，是贯穿自然科学和社会科学而应用较广的横断学科（蔡文，1987；蔡文和杨春燕，2003；李跃军和孙虎，2009）。目前水质评价方法较多，而且应用得都比较成熟，但各评价方法均有优劣。其中，物元分析用于水质评价的优点较为明显，它不仅有助于从变化的角度识别变化的事物，而且物理意义明确，运用简便，易于用计算机进行编程处理，虽然有人认为其关联函数形式确定不能规范，难以通用（李怀恩等，2004）。利用物元分析方法，可以建立事物多指标性能参数的质量评定模型，并能以定量的数值表示评定结果，从而能够较完整地反映事物质量的综合水平。该模型将评价生态旅游区水质优劣的指标及其特征值作为物元，通过对评价级别和实测数据归一化后，得到模型的经典域、节域、权系数及关联度，然后通过关联度的比较，评定出生态旅游区水质的级别。但是这种结果主要用于静态的评价，因为在划分等级时，其标准对应的是一个区间，所以比较不出同一级别内生态旅游区水质的变化。为此，需进一步求出生态旅游区水质级别的变量特征值。通过水质级别变量特征值的多年变化，可以定量评价生态旅游区水质变化的趋势。基本模型如下。

（1）给定事物的名称 N，它关于特征 C 的量值为 V，以有序 3 元 $R=\{N, C, V\}$ 组作为描述事物的基本元，简称物元。若事物 N 有多个特征，并以 n 个特征 c_1, c_2, $\cdots$, c_n 及其相应量值 v_1, v_2, v_3, $\cdots$, v_n 描述时，则可以表示为

$$R_{(t)} = \begin{bmatrix} N & c_1 & v_1 \\ & c_2 & v_2 \\ & \vdots & \vdots \\ & c_n & v_n \end{bmatrix} = \begin{bmatrix} N(t) & c_1(t) & <a_1(t), b_1(t)> \\ & c_2(t) & <a_2(t), b_2(t)> \\ & \vdots & \vdots \\ & c_n(t) & <a_n(t), b_n(t)> \end{bmatrix}$$

称 R 为 n 维物元。

设有 m 评价等级 $N_1, N_2, \cdots, N_m$，建立相应的物元

$$R_i = \begin{bmatrix} N_i & c_1 & X_{i1} \\ & c_2 & X_{i2} \\ & \vdots & \vdots \\ & c_n & X_{in} \end{bmatrix} = \begin{bmatrix} N_i & c_1 & <a_{i1}, b_{i1}> \\ & c_2 & <a_{i2}, b_{i2}> \\ & \vdots & \vdots \\ & c_n & <a_{in}, b_{in}> \end{bmatrix}$$

其中，X_{ij}（$j=1, 2, \cdots, n$）是评价等级 N_i（$i=1, 2, \cdots, m$）关于评价参数 c_j（$j=1$, $2, \cdots, n$）的量值域，称为经典域。对于经典域，构造其节域：建立物元 R_p，取 $R_p \supset R_i$

$$R_p = \begin{bmatrix} N_p & c_1 & X_{p1} \\ & c_2 & X_{p2} \\ & \vdots & \vdots \\ & c_n & X_{pn} \end{bmatrix} = \begin{bmatrix} N_p & c_1 & <a_{p1}, b_{p1}> \\ & c_2 & <a_{p2}, b_{p2}> \\ & \vdots & \vdots \\ & c_n & <a_{pn}, b_{pn}> \end{bmatrix}$$

称 $X_{pj}=<a_{pj}, b_{pj}>$（$j=1, 2, \cdots, n$）为 N_p 关于 c_j（$j=1, 2, \cdots, n$）的节域。显然有 $X_{ij} \subset X_{pj}$（$i=1, 2, \cdots, m$；$j=1, 2, \cdots, n$）。对于要评价的对象 P，已知其监测结果为

$$R_0 = \begin{bmatrix} P & c_1 & x_1 \\ & c_2 & x_2 \\ & \vdots & \vdots \\ & c_n & x_n \end{bmatrix}$$

（2）确定关联函数。关联函数表示物元的量值取，其为实轴上一点时，物元符合要求的取值范围程度。它定义为

$$K_i(x_j) = \begin{cases} -\dfrac{\rho(x_j, X_{ij})}{|X_{ij}|}, & x_j \in X_{ij} \\[4mm] \dfrac{\rho(x_j, X_{ij})}{\rho(x_j, X_{pj}) - \rho(x_j, X_{ij})}, & x_j \notin X_{ij} \end{cases}$$

式中，$\rho\left(x_j, X_{ij}\right) = \left| x_j - \dfrac{1}{2}\left(a_{ij} + b_{ij}\right) \right| - \dfrac{1}{2}\left(b_{ij} - a_{ij}\right), i = 1, 2, \cdots, m; j = 1, 2, \cdots, n$

$$\rho\left(x_j, X_{pj}\right) = \left| x_j - \frac{1}{2}\left(a_{pj} + b_{pj}\right) \right| - \frac{1}{2}\left(b_{pj} - a_{pj}\right)$$

它为一点 x_j 到区间 $x_{ij}=[a_{ij}, b_{ij}]$ 的距离。

（3）权系数。对于评价等级 N_i（$i=1, 2, \cdots, m$）的门限值 $X_{ij}(j=1, 2, \cdots, n)$，系

数为：$a_{ij} = x_{ij} \Big/ \displaystyle\sum_{j=1}^{n} x_{ij}, i = 1, 2, \cdots, m; j = 1, 2, \cdots, n$。

（4）关联度及评价标准。关联函数 $K(x)$ 的数值表示被评价的对象对某级标准对象的取值范围的隶属程度。因此，可以根据 $K(x)$ 的不同取值范围作评价标准，见表 4.8。

表 4.8　评价标准

$K(x) \geqslant 1.0$	$0 \leqslant K(x) \leqslant 1.0$	$-1.0 \leqslant K(x) \leqslant 1.0$
表示被评价对象超过标准对象上限，数值越大，开发潜力越大	表示被评价对象符合标准对象要求的程度，数值越大，越接近标准上限	表示被评价对象不符合标准对象的要求，但具有转化为标准对象的条件，数值越大，越容易转化

令 $K_i(P) = \displaystyle\sum_{j=1}^{n} a_{ij} K_i\left(x_j\right), j = 1, 2, \cdots, n$ 称 $K_i(P)$ 为待评对象 P 关于等级 i 的关联

度。若 $K_0 = \max\left\{K_i(P)\right\}, i \in \{1, 2, \cdots, m\}$，则评定 P 属于等级 i_0。

$$i^* = \frac{\displaystyle\sum_{i=1}^{m} i \overline{K_i(P)}}{\displaystyle\sum_{i=1}^{m} K_i(P)}$$

$$\overline{K_i(P)} = \frac{K_i(P) - \min_i K_i(P)}{\max_i K_i(P) - \min_i K_i(P)}$$

式中，i^* 为待评对象 P 的级别变量特征值。i^* 表示待评对象 P 的精确等级划分及待评对象 P 向临近等级的偏离程度。

4.3.2　水质监测数据及分级标准

按照国家《地表水环境质量标准》（GB 3838—2002）和浊度与水色视觉美感的对应关系，将六盘山生态旅游区的水质分为 5 个级别。可知六盘山生态旅游区各月、各采样点的具体指标分属于不同的级别。虽然很容易知道各指标对应水质

的优劣（如 5 月，DO 属于 Ⅰ 级清洁的水平，而总磷属于 Ⅱ 级尚清洁的水平），但是判断不出旅游区水质季节变化和空间变化的整体水平。因此，必须对生态旅游区水质进行综合评价。由于各评价指标量化值所在区间不完全相同，有的评价指标是数值越小级别越高（如 COD 等），而有的则相反（如 DO 等），故对各评价指标和评价标准进行归一化处理。

对于 COD 等：
$$d_i = x_1/x_5$$

对于 DO 等：
$$d_i = 1 - (x_1 - x_5)/x_1$$

式中，d_i、x_i、x_1、x_5 分别为归一化后的标准值、未归一化的标准值、Ⅰ 级和 Ⅴ 级标准值。

4.3.3　物元模型评价结果分析

4.3.3.1　经典域及节域

将归一化后的 Ⅰ～Ⅴ 级标准对应的取值范围作为经典域（如 R_{01}、R_{02}、R_{03}、R_{04}、R_{05}，以此类推）。根据以下数值的取值范围来确定节域 R_p，根据归一化后数值确定待评价对象 R_{cka-i}、R_{a1-i}、R_{a2-i}、R_{a3-i}、R_{a4-i}、R_{ckb-i}、R_{b1-i}、R_{b2-i}（$i=5, 6, \cdots, 10$）。其中，待评价对象只列出 R_{cka-5}，其他类同。

$$R_{01} = \begin{bmatrix} \text{Ⅰ级} & \text{浊度} & <0,0.150> \\ & \text{DO} & <0,0.222> \\ & \text{BOD5} & <0,0.100> \\ & \text{COD} & <0,0.133> \\ & \text{总氮} & <0,0.100> \\ & \text{总磷} & <0,0.050> \\ & \text{氨氮} & <0,0.750> \\ & \text{大肠菌群} & <0,0.005> \end{bmatrix}$$

$$R_{02} = \begin{bmatrix} \text{Ⅱ级} & \text{浊度} & <0.150,0.300> \\ & \text{DO} & <0.222,0.556> \\ & \text{BOD5} & <0.100,0.300> \\ & \text{COD} & <0.133,0.267> \\ & \text{总氮} & <0.100,0.250> \\ & \text{总磷} & <0.050,0.250> \\ & \text{氨氮} & <0.075,0.250> \\ & \text{大肠菌群} & <0.005,0.050> \end{bmatrix}$$

$$R_{03} = \begin{bmatrix} \text{Ⅲ级} & \text{浊度} & <0.300,0.500> \\ & \text{DO} & <0.556,0.667> \\ & \text{BOD5} & <0.300,0.400> \\ & \text{COD} & <0.267,0.400> \\ & \text{总氮} & <0.250,0.500> \\ & \text{总磷} & <0.250,0.500> \\ & \text{氨氮} & <0.250,0.500> \\ & \text{大肠菌群} & <0.050,0.250> \end{bmatrix}$$

$$R_{04} = \begin{bmatrix} \text{Ⅳ级} & \text{浊度} & <0.500,0.750> \\ & \text{DO} & <0.667,0.889> \\ & \text{BOD5} & <0.400,0.600> \\ & \text{COD} & <0.400,0.667> \\ & \text{总氮} & <0.500,0.750> \\ & \text{总磷} & <0.500,0.750> \\ & \text{氨氮} & <0.500,0.750> \\ & \text{大肠菌群} & <0.250,0.500> \end{bmatrix}$$

$$R_{05} = \begin{bmatrix} \text{V级} & \text{浊度} & <0.750,1.000> \\ & \text{DO} & <0.889,1.000> \\ & \text{BOD5} & <0.600,1.000> \\ & \text{COD} & <0.667,1.000> \\ & \text{总氮} & <0.750,1.000> \\ & \text{总磷} & <0.750,1.000> \\ & \text{氨氮} & <0.750,1.000> \\ & \text{大肠菌群} & <0.500,1.000> \end{bmatrix} \qquad R_p = \begin{bmatrix} \text{I~V级} & \text{浊度} & <0,1.000> \\ & \text{DO} & <0,1.000> \\ & \text{BOD5} & <0,1.000> \\ & \text{COD} & <0,1.000> \\ & \text{总氮} & <0,1.000> \\ & \text{总磷} & <0,1.000> \\ & \text{氨氮} & <0,1.000> \\ & \text{大肠菌群} & <0,1.000> \end{bmatrix}$$

$$R_{cka-5} = \begin{bmatrix} \text{p级} & \text{浊度} & 0.045 \\ & \text{DO} & 0.067 \\ & \text{BOD5} & 0.090 \\ & \text{COD} & 0.255 \\ & \text{总氮} & 0.026 \\ & \text{总磷} & 0.045 \\ & \text{氨氮} & 0.029 \\ & \text{大肠菌群} & 0.001 \end{bmatrix}$$

4.3.3.2 计算综合关联度

分别计算出各样点 5~10 月的关联函数和对应的权系数，在此基础上计算出综合关联度，然后评价出研究区旅游季节水质的等级 i，并进一步计算出各待评价对象的级别变量特征值 $i*$（表 4.9~表 4.16）。

表 4.9　小南川源头（CKA）旅游季节水质评价的综合关联度表

	I	II	III	IV	V	$\max\{K_i(P)\}$	$i0$	$i*$
5 月	0.286	-0.369	-0.783	-0.860	-0.908	0.286	1	1.440
6 月	0.171	-0.200	-0.724	-0.822	-0.885	0.171	1	1.524
7 月	-0.006	-0.012	-0.645	-0.769	-0.853	-0.006	2	1.580
8 月	-0.034	-0.067	-0.599	-0.740	-0.834	-0.034	1	1.649
9 月	0.167	-0.212	-0.705	-0.808	-0.876	0.167	1	1.538
10 月	0.129	-0.452	-0.802	-0.876	-0.917	0.129	1	1.402

表 4.10　"龙女出浴"景点（A1）旅游季节水质评价的综合关联度表

	I	II	III	IV	V	$\max\{K_i(P)\}$	$i0$	$i*$
5 月	0.255	-0.319	-0.745	-0.841	-0.897	0.255	1	1.486
6 月	-0.010	0.015	-0.577	-0.742	-0.835	0.015	2	1.658
7 月	-0.114	-0.090	-0.394	-0.629	-0.766	-0.090	2	1.820
8 月	-0.116	-0.026	-0.466	-0.624	-0.763	-0.026	2	1.802
9 月	0.059	-0.130	-0.570	-0.741	-0.834	0.059	1	1.667
10 月	0.111	-0.406	-0.761	-0.855	-0.904	0.111	1	1.454

表 4.11 小南川入口（A2）旅游季节水质评价的综合关联度表

	I	II	III	IV	V	max{$K_i(P)$}	$i0$	$i*$
5 月	0.246	−0.284	−0.715	−0.827	−0.888	0.246	1	1.521
6 月	−0.026	0.006	−0.528	−0.715	−0.818	0.006	2	1.706
7 月	−0.124	−0.115	−0.309	−0.593	−0.744	−0.115	2	1.881
8 月	−0.132	−0.078	−0.422	−0.542	−0.724	−0.078	2	1.835
9 月	0.033	−0.124	−0.504	−0.701	−0.808	0.033	1	1.722
10 月	0.111	−0.387	−0.727	−0.840	−0.894	0.111	1	1.491

表 4.12 森林公园停车场（A3）旅游季节水质评价的综合关联度表

	I	II	III	IV	V	max{$K_i(P)$}	$i0$	$i*$
5 月	0.244	−0.300	−0.693	−0.817	−0.881	0.244	1	1.540
6 月	−0.045	−0.024	−0.467	−0.685	−0.799	−0.024	2	1.752
7 月	−0.151	−0.125	−0.260	−0.546	−0.715	−0.125	2	1.938
8 月	−0.167	−0.144	−0.404	−0.577	−0.662	−0.144	2	1.711
9 月	0.018	−0.180	−0.502	−0.647	−0.777	0.018	1	1.717
10 月	0.111	−0.405	−0.702	−0.828	−0.887	0.111	1	1.512

表 4.13 冶家村民俗村（A4）旅游季节水质评价的综合关联度表

	I	II	III	IV	V	max{$K_i(P)$}	$i0$	$i*$
5 月	0.179	−0.328	−0.557	−0.747	−0.837	0.179	1	1.658
6 月	−0.105	−0.071	−0.364	−0.590	−0.737	−0.071	2	1.849
7 月	−0.215	−0.105	−0.192	−0.428	−0.640	−0.105	2	2.108
8 月	−0.410	−0.139	−0.209	−0.441	−0.498	−0.139	2	2.467
9 月	−0.224	−0.076	−0.341	−0.535	−0.678	−0.076	2	1.963
10 月	0.098	−0.454	−0.594	−0.751	−0.838	0.098	1	1.604

表 4.14 野荷谷源头（CKB）旅游季节水质评价的综合关联度表

	I	II	III	IV	V	max{$K_i(P)$}	$i0$	$i*$
5 月	0.195	−0.432	−0.757	−0.840	−0.896	0.195	1	1.449
6 月	0.140	−0.249	−0.636	−0.772	−0.851	0.140	1	1.591
7 月	−0.078	−0.006	−0.531	−0.689	−0.798	−0.006	2	1.719
8 月	−0.014	−0.156	−0.668	−0.683	−0.785	−0.014	1	1.528
9 月	0.176	−0.332	−0.717	−0.748	−0.842	0.176	1	1.491
10 月	0.036	−0.554	−0.768	−0.855	−0.903	0.036	1	1.413

表 4.15 野荷谷入口处（B1）旅游季节水质评价的综合关联度表

	I	II	III	IV	V	max{$K_i(P)$}	$i0$	$i*$
5 月	0.168	−0.402	−0.661	−0.798	−0.869	0.168	1	1.552
6 月	−0.003	−0.067	−0.537	−0.705	−0.809	−0.003	1	1.695
7 月	−0.149	0.029	−0.367	−0.602	−0.745	0.029	2	1.955
8 月	−0.241	0.077	−0.478	−0.589	−0.725	0.077	2	1.956
9 月	0.043	−0.168	−0.606	−0.671	−0.797	0.043	1	1.626
10 月	0.016	−0.516	−0.709	−0.808	−0.874	0.016	1	1.476

表 4.16　香水河沿岸宾馆（B2）旅游季节水质评价的综合关联度表

	I	II	III	IV	V	$\max\{K_i(P)\}$	$i0$	$i*$
5 月	0.136	−0.384	−0.644	−0.697	−0.811	0.136	1	1.555
6 月	0.118	−0.113	−0.396	−0.542	−0.707	−0.113	2	1.796
7 月	−0.267	−0.111	−0.260	−0.399	−0.604	−0.111	2	2.127
8 月	−0.389	−0.100	−0.298	−0.580	−0.590	−0.100	2	2.096
9 月	−0.115	−0.141	−0.494	−0.641	−0.673	−0.115	1	1.565
10 月	−0.013	−0.520	−0.668	−0.689	−0.812	−0.013	1	1.512

由以上分析可知，从各样点监测结果的时间序列变化看，各质断面在时间序列的变化上呈现出较强的一致性，基本在7~8月旅游旺季时，水质恶化程度达到峰值，比较剧烈，而在其他月则相对较为稳定。从各样点水质空间序列变化看，各样区中两个水样对照区 CKA 和 CKB 水质最好，在旅游核心区内主要采样断面，则相对稳定，两者基本稳定在1~2类。在冶家民俗村和宾馆附近的变化较为剧烈，超过了2类水的标准。上述结果可用现实成因来很好地解释：①一般而言，在自然状态下流水水质状况受流域内的自然和人类活动这两大类因素的影响，其中，人类活动往往是导致河流水质恶化的主要因素，即水质与流域内的各类人类活动密切相关。源头水未受旅游活动干扰，水质最好；随着游客数量增多，旅游区核心区中游水质有逐渐下降趋势，但是因没有直接污水排放，变化不太显著。②六盘山地区与其他生态旅游区不同，六盘山大部分地区海拔为1600~1900m，气候清爽，夏天温度在15℃左右，是西北地区理想的避暑胜地，其旅游旺季主要集中7~8月的高温暑期，所以无论在对照区还是采样区，水质变化均剧烈。③目前旅游区正处于观光向休闲的过渡阶段，休闲度假设施的大量出现，宾馆和民俗村的生活污水未经任何处理，直接排放到水体中，是水体中磷、粪大肠菌群等的主要来源。从超标指标看，主要是磷、氮和粪大肠菌群，特别是磷污染严重。其中民俗村总磷含量最多，超过2类水标准的23.42%。综上所述，在目前自然状态下，六盘山生态旅游区内传统观光型旅游对旅游区水质影响是有限的。旅游方式的变化成为影响旅游区水质变化最主要的因素，新型休闲度假类旅游开始对旅游区水质产生负面影响，需要引起足够的重视。

4.3.4　小结与讨论

通过物元模型在生态旅游区水质综合评价的应用，得出以下结论：①针对生态旅游区水质特点，筛选出有代表性的指标作为生态旅游区水质综合评价的指标体系，不仅可以简化运算，而且能够如实地反映情况。②水质变化不仅存在时间上的差异，而且存在空间上的变化。各个取样水质断面在时间序列变化上呈现出较强的一致性，基本在 7~8 月旅游旺季时，各样点水质恶化程度达到峰值，比较剧烈，在旅游季节内，各旅游区上游观光型核心区水质一直稳定在 1~2 类水质标准。但在 2 个外围休闲度假接待点，其水质偏向于 3 类转变趋势。③对生态旅游区水质的综合评价结果可以用现实成因来很好地解释。说明所采用的指标体系和评价方法对生态旅游区水质评价具有较强的应用价值和现实意义，可以在同类生态旅游区水质进一步推广，以提高评价结果的可比性和针对性。同时，应采用"自上而下"和"自下而上"相结合的方法，既对生态环境各要素有整体性认识，又要详细把握影响生态环境的各主导因素和关键指标。只有在综合的基础上进行深入分析并且在分析的基础上进行综合决策，才能适度扭转目前生态旅游区水质富营养化不断加剧的态势（Hunter and Green，1995；Henry，1988）。

参 考 文 献

卜跃先，柴铭. 2001. 洞庭湖水污染环境经济损害初步评价[J]. 人民长江，32(4): 27~28, 36.

蔡文. 1987. 物元分析[M]. 广州: 广东高等教育出版社.

蔡文. 1994. 物元模型及其应用[M]. 北京: 科学技术文献出版社.

蔡文，杨春燕. 2003. 可拓逻辑初步[M]. 北京: 科学出版社.

陈利顶，傅伯杰. 2000. 干扰的类型: 特征及其生态学意义[J]. 生态学报，20(4): 581~586.

陈治伟. 1989. 统景旅游景区水环境质量调查评价[J]. 重庆师范学院学报(自然科学版)，6(3): 25~38.

国家环境保护总局，国家质量监督检验检疫总局. 2002. 地表水环(GB3838-2002). 4. 28.

黄恢柏，王建国，唐振华，等. 2002. 两种指数对庐山水体环境质量状况的评价[J]. 中国环境科学，22(5): 416~420.

李怀恩，李越，蔡明，等. 2004. 河流水质与流域人类活动之间的关系[J]. 水资源与水工程学报，15(1): 24~28.

李向农，马玉美，马玉增，等. 1996. 泰安市旅游景区水体质量评价[J]. 山东环境，(Z1): 48~49.

李跃军，孙虎. 2009. 水土流失对山地旅游地水体观光功能影响研究[J]. 山地学报，27(6): 698~702.

彭瑞琦，程薇，张锐锋，等. 2001. 镜泊湖旅游区水质状况调查与评价[J]. 中国公共卫生管理，17(3): 239~241.

申献辰，邹晓雯，杜霞. 2002. 中国地表水资源质量评价方法的研究[J]. 水利学报，12: 63~67.

石强，郑群明，钟林生. 2002. 旅游开发利用对水体质量影响的综合评价——以张家界国家森林公园为例[J]. 湖南师范大学自然科学学报，25(4): 88~92.

王群，章锦河，丁祖荣，等. 2005. 国外旅游水环境影响研究进展[J]. 地理科学进展，24(1): 127~136.

吴必虎，贾佳. 2002. 城市滨水区旅游游憩功能开发研究——以武汉市为例[J]. 地理学与国土研究，18(2): 99~102.

谢君，刘俐. 1996. 西岭雪山旅游景区水质评价研究[J]. 四川环境，15(4): 40~43.

徐燕，周华荣. 2003. 初论我国生态环境质量评价研究进展[J]. 干旱区地理，26(2): 166~172.

Henry B. 1988. The environmental impact of tourism in Jamaica[J]. Tourism Review, 43(2): 16~19.

Hunter C, Green H. 1995. Tourism and the Environment: A Sustainable Relationship[M]? London and New York: Routledge: 19~21, 23~25.

第5章 旅游区水质变化对旅游活动
干扰的系统模拟

旅游区水质模型是科学预测水质变化、制订水污染控制系统规划与管理的关键手段。第三、四章分别探讨了旅游活动对旅游区水质的干扰行为模式和旅游区水质变化对旅游活动干扰的响应机制，为进一步模拟旅游区水质变化对旅游活动干扰的响应提供了基础。本章拟通过对六盘山生态旅游区小南川-泾河河段的水质、水文、气象等历史与现状的数据进行分析，应用水文学、水环境学、旅游学、地理学、数学等方面的知识，借助计算机软件系统等先进技术手段，模拟、反映和预测污染物在水环境中的迁徙转化行为，建立生态旅游区水环境系统机制模型，预测不同旅游方式和活动强度下旅游区水质的响应阈值，探讨不同情景方案下的旅游环境容量，为保障六盘山生态旅游区整体水环境健康提供理论基础。

5.1 旅游活动干扰与旅游水环境系统

近年来，随着人类旅游活动的大规模发展，自然保护区的原生水环境系统受到严重的挑战，人类旅游活动不仅改变了流域降水、蒸发、入渗、产流、汇流特性，而且在原有的水环境系统内产生了旅游侧支系统，形成了原生水环境与旅游系统此消彼长的动态水环境系统。与传统人工水环境不同，生态旅游区水环境系统除具备人工水环境的特点外，还具有动态性、区域性、脆弱性等特征。对生态旅游区水环境系统概念、结构和特征进一步分析，是进一步探讨旅游区水质变化对人类旅游活动干扰的响应机制，构建生态旅游区水环境系统模型的基础。

5.1.1 基本内涵的界定

水环境是指围绕人群空间及可直接或间接影响人类生活和发展的水体（薛惠锋等，2009）。水体是地表水圈的重要组成部分，指的是以相对稳定的陆地为边界的天然水域和人工水域，如江河、溪流、湖泊、沼泽、水库等。水环境是以水体要素为中心而形成的水生态系统，由构成水环境整体的各个独立的、性质不同的而又服从整体演化规律的各种水环境要素组成，包括水相和固相物质、水中的悬浮物质、溶解物质、底泥和水生生物等。水环境是构成环境的基本要素之一，是人类赖以生存和发展的重要场所，也是易受人类干扰和破坏的重要地区。

　　生态旅游区水环境系统是指以生态旅游区内部旅游活动为中心，影响旅游活动产生与发展的生态旅游区各种水环境要素的综合体，是以自然水环境系统、社会经济水环境系统为基础，以人类旅游水环境系统为核心的复合系统。旅游区水系是整个流域的一部分，参与整体的水文循环过程。此外，旅游区强烈的水资源利用活动给旅游水系又加上了旅游的循环系统。旅游水环境系统又可划分为旅游用水系统、旅游排水系统、旅游污水处理系统和旅游水环境管理系统。事实上，在这一系统的运行过程中，除了有部分水量消耗外（如被人体和产品吸收），主要发生的是水质变化过程，即清水—污水—清水的水质循环。

　　自然水环境系统中地表径流与土壤水、地下水通过下渗和散发（或毛细管上升）的形式构成一个小循环。旅游水环境系统也通过水资源利用和污水排放与自然水环境相联结；同时，旅游水环境系统通过物资人力利用和经济发展与社会经济水环境系统相联结。此外，社会经济水环境系统也通过水资源利用和污水排放与自然水环境系统相联结。生态旅游区水环境系统是一个多因素耦合的复杂动态系统，也是一个开放的、具有耗散结构的系统。该系统不断与外界进行着物质、能量和信息的交换，主要表现为旅游活动与水环境之间的相互影响，如图 5.1 所示。

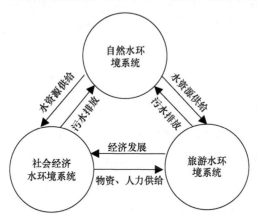

图 5.1　生态旅游区水环境系统结构图

5.1.2　旅游水环境系统组成

　　生态旅游区水环境系统是一个庞大的系统，由以下 3 个亚系统组成，如图 5.2 所示。

1. 自然水环境系统

自然水环境系统中地表径流与土壤水、地下水通过下渗和散发（或毛细管上升）的形式构成一个小循环。在水体循环过程中，一些物质可能混入或溶入其中，如酸雨、腐殖质、工业废水、生活污水、农田径流，并经历着不断的物理、化学、生物等变化过程。当这些物质超过一定限度时，会破坏水体生态平衡，使水体功能下降甚至消失，即水质恶化，严重者将导致污染。

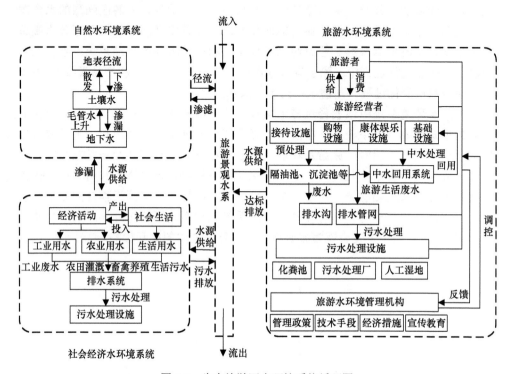

图 5.2　生态旅游区水环境系统循环图

2. 社会经济水环境系统

社会经济水环境系统主要由社会生活和经济活动两部分构成。我国大部分自然保护区内的社区给排水设施普及率较低，大多自行、分散给水，生活污水不加处理，经街道明沟或地下暗沟直接排放到自然水体中。经济活动要素主要包括农业生产和工业活动。农业生产中的农田灌溉、畜牧养殖是重要的河流污染源；工业活动产生大量含有毒重金属或难分解的化学物质，这些物质如不经过严格处理排入水体，会造成严重的水质污染。由于自然保护区内严格限制大规模的工业活动和城市化活动，水环境影响极小，本研究忽略不计。

3. 旅游水环境系统

旅游水环境系统由旅游用水子系统、旅游排水子系统、旅游污水处理子系统、旅游管理子系统 4 个子系统组成。

1）旅游用水子系统

旅游目的地是为游客提供游览、娱乐、经历体验、食宿、购物、享受或某些特殊服务等旅游需求的多种因素的综合体。旅游者的多数活动，都需要水的参与，水是一种不可替代的再生资源。根据吴必虎（1998）的旅游系统概念模型，旅游目的地由吸引物（旅游资源）、设施和服务 3 方面要素组成。其中，旅游设施是旅游目的地的主要用水主体。因此，本研究的旅游用水子系统主要包括旅游基础设施用水、旅游接待设施用水、游览设施用水和购物设施用水 4 部分。不同旅游区发展性质、结构、规模、气候条件、供水条件、经济条件、社会条件不同，旅游用水也不相同。

旅游接待设施用水主要包括宾馆和餐饮设施用水，是旅游区最重要的用水主体。宾馆用水主要分为客房用水，餐厅用水，中央空调和保洁用水，洗衣房用水，绿化用水，职工洗浴、餐饮和卫生用水 6 部分。不同级别宾馆在经营定位、保洁程度、环境设施、餐厅档次等方面的差异，导致用水量、用水方向存在显著差异。Gössling（2001）对坦桑尼亚桑给巴尔岛的 28 家宾馆（hotel，作者定义为 60 个床位以上）和旅馆（guesthouse，作者定义为 60 个床位以下），不同的用水量、用水方向及原因进行了比较研究（表 5.1）。左建兵和陈远生（2005）对北京市 177 家三星级以下（含三星）和四星级以上（含四星）宾馆的主要设施（与用水相关）配备、用水构成进行了调查分析，结果表明，不同级别的宾馆的主要设施用水构成存在明显区别（表 5.2，表 5.3）。

表 5.1　坦桑尼亚桑给巴尔岛宾馆与旅馆用水及原因分析

用途	宾馆用水量/%	旅馆用水量/%	主要原因
灌溉	50 （465L/d·1t）	15 （37L/d·1t）	宾馆拥有大面积花园和草坪，土壤储水能力差，蒸发量大，外来物种不适合干旱条件，需要经常浇水
旅游者使用	20 （186L/d·1t）	55 （136L/d·1t）	宾馆额外的游泳池，多功能洗浴设备；旅馆主要用于直接用水，如淋浴、冲厕、水龙头等
游泳池	15 （140L/d·1t）	—	宾馆游泳池需要水更新，且蒸发量很大，客人游泳时需提供毛巾，这又增加了清洗毛巾的用水；旅馆无游泳池
洗衣	5 （47L/d·1t）	10 （25L/d·1t）	宾馆高需水导致清洗量大为增加，如员工制服、餐厅桌布、旅游者衣服等
卫生清洁	5 （467L/d·1t）	5 （12L/d·1t）	比重相同，但宾馆总量高，因为宾馆公共区域和客房需经常用水清洗，而旅馆房间基本上仅用扫帚清扫
餐厅	5 （47L/d·1t）	15 （37L/d·1t）	旅馆比例高，但总量小于宾馆
合计	100 （930.9L/d·1t）	100 （247.5L/d·1t）	大宾馆游泳池和灌溉用水量很大是导致总用水量增大的主要原因

数据来源：Gössling（2001）

表 5.2　北京市不同星级的宾馆主要设施（与用水相关）配备情况

设施	三星级以下（含三星）	四星级以上（含四星）	对用水的影响
单人床	≥1.9m×0.8m	≥2.0m×0.8m	影响客房、洗衣房用水量
暖气及空调	一星级：供热或在必要时提供风扇；二星级：增加集中供热并随季节变化有令人舒适的冷气；三星级：客房内有单独的供暖控制，室温在18~25℃	所有房间内配有单独的空调控制，高质量的设备，低噪声指标	影响中央空调用水量
单人房、双人房、三人房最小面积/m²（不包括卫生间和前厅）	一、二星级：8、10、12；三星级：10、12、14；	四星级：12、14、16；五星级：13、16、19；	影响客房用水量
床单/毛巾	每一位新客人入住前更换床单，每周更换两次	在新客人入住前及每天更换毛巾及床单	影响洗衣房用水量
客房清理	每天	四星级：中午12时前如要求可增加客房清理；五星级：24h内可随时清理客房	影响客房、洗衣房用水量
地面	瓷砖或床边地毯	满铺地毯或高质量地面处理	影响客房用水量

数据来源：左建兵和陈远生（2005）

表 5.3　北京市星级宾馆用水的构成　　　　（单位：%）

用水项目	三星级以下（含三星）用水比例	四星级以下（含四星）用水比例
客房	58.29~69.21	32.52~50.44
职工食堂	1.02~1.54	2.63~3.97
职工洗浴	15.82~17.87	7.61~18.43
对外餐厅	4.16~7.04	13.74~16.97
洗衣房	2.19~3.10	9.97~11.24
锅炉房	1.01~2.25	2.95~9.24
中央空调	1.25~5.68	6.23~11.57
绿化	0.90~1.12	1.12~1.44
游泳池	0.14~0.21	0.75~1.25
其他	3.24~4.12	5.77~8.26

数据来源：左建兵和陈远生（2005）

　　餐饮用水是现场烹饪、调制食物，并出售给旅游者，主要供现场消费所耗用的水量。餐饮用水划分为营业用水和后场用水两部分。营业用水包括接待区、餐厅、包间、宴会厅、咖啡厅、酒吧、茶艺馆、表演厅、棋牌室、小卖部、卫生间、洗浴等用水；后场用水包括厨房、加工间、更衣室、卫生间、库房、办公管理、值班室、杂物院等用水。

　　文体娱乐用水是游客进行健身养生、休闲娱乐活动所耗用的水。按照活动的类型，文体娱乐用水划分为运动用水和娱乐用水两部分。运动用水包括游泳池、健身中心、滑雪、高尔夫球、网球、保龄球、滑草等用水；娱乐用水包括洗浴中心、SPA、剧场、博物馆、电子游戏厅、卡拉 OK 等用水。其中，高尔夫球场、滑雪场、洗浴中心是典型的高耗水性旅游服务业。

购物设施用水是满足旅游者购物需求所配置的设施耗用的水。按照购物设施的规模，购物用水分为商业街（步行街）、旅游购物中心、游客服务中心购物点、各景点的小型购物设施用水。

旅游基础设施用水主要包括给水、排水、电力、交通、环卫、信息设施用水。这些基础设施用水一般划分为地面清洁用水和旅游管理人员生活用水两部分。

2）旅游排水子系统

旅游排水子系统主要是指排水管网系统。管网系统是收集和输送废水的设施，它包括污水排水管渠及排洪沟等排水管道，泵站、水量调节池等水调节设施及检查井、跌水井等附属构筑物。

3）旅游污水处理子系统

水经旅游用水系统使用后，水质会变差，如不经处理就直接排放，就会污染环境，因而要组建污水处理系统，使污染物排放量不超过环境容量。旅游污水处理系统包括各种采用物理、化学、生物处理方法的水质净化设备和构筑物。根据旅游景区的类型，采取不同的污水处理措施。就城镇型景区而言，可采用污水处理厂（历史城区型景区除外）；山地型景区的污水处理，前些年多参照城市排水设计，采用污水处理厂（站）、化粪池等设施，近几年向生态处理（自然生物处理）发展。人工湿地污水处理为典型的生态处理工艺，即在人工控制的条件下，将污水投放在湿地上，通过"土壤—植物"系统在物理、化学及生物学方向的自净能力和净化过程，使污水得到净化。中水回用系统是指将旅游区生活废（污）水（沐浴、盥洗、洗衣、厨房、厕所）集中处理后，达到一定的标准后用于旅游区的绿化浇灌、车辆冲洗、道路冲洗、客房坐便器冲洗等，从而达到节约用水的目的。污水与雨水的排放系统是污水及雨水排入水体并与水体很好混合的工程设施，其中，污水的排放系统组成部分包括出水口、稀释扩散设施、隔离设施等，而雨水排放设施则只有出水口（图5.3，图5.4）。

图 5.3 黄山玉屏楼中水回用流程（汪大庆等，2002）

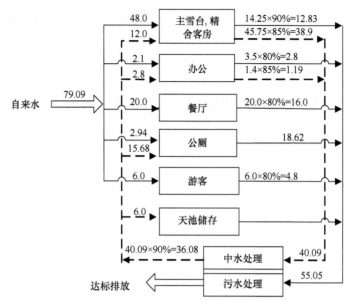

图 5.4　黄山玉屏楼中水及污水处理水量平衡（汪大庆等，2002）

4）旅游管理子系统

旅游管理子系统由用水模式、排污模式和治污能力组成，包括用水系数、用水结构、排污系数、排污结构、水污染治理固定资产等要素。旅游管理系统是对以上 3 个子系统进行管理的机构，通过管理和宣传教育等一系列措施，使前 4 个系统处于稳定、优化状态。如果前 3 个子系统是自然的或人工的"硬件"，那么旅游管理子系统则是"软件"，它是保证生态旅游区水环境系统正常、优化运转的重要组成部分。

5.1.3　旅游水环境系统特征

1. 系统复合性

旅游区水环境系统是一种由人参与的人工或半人工水环境系统，其生物组分包括一般的生物和旅游人群，其环境由自然水环境和人工水环境复合而成。它既有自然流域的自然环境特点，又有旅游环境特点。旅游区水环境系统的降雨径流、产污等均满足一般性流域的产流、产污的定性规律，但是由于增加了旅游水循环系统，产流、产污的定量关系发生了变化，并且变得极不稳定。在进行生态旅游区水环境系统分析时既要考虑自然特性又要考虑旅游特性，还要考虑两者的相互作用。例如，人类旅游活动强度不同，如游客数量、旅游类型、旅游设施级别等，旅游用水量和废水量不同，从而对旅游区水环境系统的干扰程度不同。

2. 系统开放性

生态旅游区水环境系统与外界联系广泛，影响因素众多，旅游区的旅游业规模、发展阶段、游客流量、游客构成、旅游设施、游客参与意识、环境条件、资源条件、管理水平、经济政策都与水环境密切相关，这些因素的影响使得旅游区水环境系统复杂化，呈现出动态性、非线性、反馈性等特性。

3. 系统动态性

旅游区水环境系统的污染物浓度变化在时间上存在着周期性。其原因主要有二：一是在污染物质保持不变的状态下，随着旅游区水环境系统中流量、温度等要素的周期性变化（包括日变化、季节变化、年际变化等），污染物浓度也会出现周期性变化。二是旅游活动本身存在一定的规律，如周日、法定节假日、寒暑假等旅游者闲暇时间的周期性变动，导致出游频次、旅游活动对水环境的冲击随之变动。

4. 系统区域性

旅游区水环境系统的污染物运动过程具有区域性。一是不同类型的旅游地及旅游地的不同功能分区，其污染物排放方式和类型存在差异。例如，高尔夫球场以农药、化肥等农业面源污染为主，污染物质以氮、磷为主；旅游宾馆酒店以生活污水的点源污染为主，污染物质以动植物油等有机污染物质为主（钟明霞，2000）。二是同发展阶段的旅游地，其污染物处理程度存在差异。一般情况下，处于发展初期的旅游地，旅游水环境管理体系不健全，有的旅游地甚至没有任何污水处理设施，导致排出的污水污染物含量高。随着旅游地的不断发展，旅游对水环境的冲击越来越大，旅游管理者开始意识到旅游区水环境管理的重要性，旅游区水环境管理体系不断健全，水质开始改善。

5. 系统脆弱性

旅游区水环境系统具有明显的脆弱性。我国重要的自然旅游资源包括国家级旅游景区、森林公园、自然保护区、地质公园等，主要分布在中国三大阶梯的过渡区，与中国生态脆弱地带、中国贫困人口集中分布、少数民族分布在地域上相重叠。这些旅游区生态系统结构稳定性较差，对环境变化反应相对敏感，在旅游活动及当地居民的生产、生活活动的强烈干扰下，容易发生退化，而且系统自我修复能力较弱，自然恢复时间较长。此外，旅游区水环境质量要求很高，需明显优于一般水环境质量。人们进行旅游活动的目的就是审美和享受，旅游活动具有鲜明的享受性和消费性，这就要求游客在旅游活动的全过程所到之处，所接触的水体是清洁的、优美的。所以，为满足游客的基本需求，旅游水环境的质量要明显高于一般的水环境质量，这是由旅游活动本身的特征所决定的。

5.2　旅游区水质演变系统模拟

5.2.1　旅游水环境模拟基本流程

生态旅游区水环境系统是由自然水环境系统、社会经济水环境系统和旅游水环境系统构成的复合系统。自然水环境系统中水体通过蒸发、降水和地面径流与大气水联系起来，可用暴雨径流模型分析。旅游水环境系统也通过水资源利用和污水排放与自然水环境相联结，事实上，在这一系统的运行过程中，除了有部分水量消耗外（如被人体和产品吸收），主要发生的是水质变化过程，即清水—污水—清水的水质循环。同时，旅游水环境系统通过物资人力资源利用和经济发展与社会经济水环境系统相联结。此外，社会经济水环境系统也通过水资源利用和污水排放与自然水环境系统相联结。由于自然保护区严格限制大规模的工业活动和城市化活动，仅保留少量农村居民点和农业活动，对水环境影响极小；因此，本研究在构建生态旅游区水环境系统模型中，只纳入自然水环境系统和社会经济水环境系统两部分，忽略社会经济水环境系统。

生态旅游区水环境系统模拟的基本思路如下。首先，根据质量守恒、动量守恒原理和污染物迁移转化规律，建立小南川-泾河段一维非恒定流水流模型和一阶完全混合水质模型；水流模型和水质模型共同构成自然水环境系统模型，模拟水体中污染物浓度的时空变化过程。其次，根据旅游活动干扰行为模式和旅游区水质的干扰响应机制，建立旅游系统模拟模型，模拟旅游活动的水质污染行为模式。再次，通过两个模型的中间关系变量建立"自然水环境系统模型"与"旅游水环境系统模型"的耦合模型。最终建立的"旅游水环境"复合系统模型将可以定量反映出旅游水环境系统、自然水环境系统之间的相互作用关系（图5.5）。

1. 小南川-泾河段水流模型

旅游区水环境系统的循环运动实质上是物质与能量的传输、储存和转化过程，其基本动力是太阳辐射与重力作用，此动力不消失，循环运动将永恒存在（黄锡荃，1993）。在旅游区水环境系统循环过程中，水量保持平衡，即单位时间收入的水量与支出的水量之间的差额必等于蓄水的变化量。动量保持平衡，即单位时间内水体的动量变化等于作用于水体上外力的向量和。

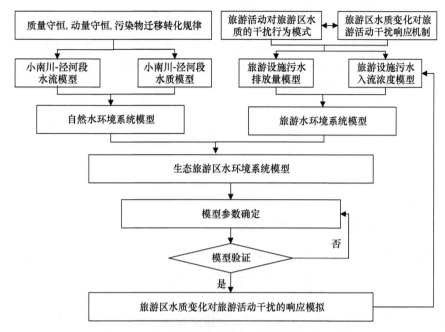

图 5.5　六盘山生态旅游区水环境系统模拟思路图

考虑到小南川-泾河段属于宽浅型河流，河道水流的计算采用一维非恒定流的连续方程、动量方程，即一维圣维南方程组，模拟渐变非恒定流。

$$\frac{\partial Q}{\partial x} - \frac{\partial Q_{\text{tour}}}{\partial x} + B_{\text{W}} \frac{\partial Z}{\partial t} = 0 \tag{5.1}$$

$$\frac{\partial Q}{\partial t} + 2u \frac{\partial Q}{\partial x} + \left(gA - Bu^2\right)\frac{\partial Z}{\partial x} - u^2 \frac{\partial A}{\partial x} + g \frac{n^2}{R^{4/3}} = Q_{\text{tour}} v_x \tag{5.2}$$

式中，t 表示时间坐标；x 表示空间坐标；Q、Q（$x+dx$）分别表示通过上下断面 A（x）及 A（$x+dx$）的流量；Q_{tour} 表示 dx 间旅游业排污流量；Z 表示水位；B 表示主流断面宽度；B_{W} 表示水面宽度（包括主流宽度 B 及仅起调蓄作用的附加宽度）；R 表示水力半径；v_x 表示 Q_{tour} 沿水流方向的速度，一般可以近似为 0。

2. 小南川-泾河段水质模型

旅游活动产生的污染物进入水体后，会在物理、化学、生物作用下发生迁移和转化，如随水流及气流的运动和扩散、在重力作用下的沉降、溶解、离解、氧化还原、水解、生物降解、渗透、吸附、光化学反应、代谢反应等。污染物在水体中的迁移转化，遵循质量守恒定律。由于六盘水生态旅游区的溪流属于小型溪流，流速快，采用一阶完全混合模型，污染物浓度的微分方程是：

$$QCdt + Q_{tour}C_{tour}dt = Q(x+dx)C(x+dx)dt - KCVdt \pm Ldxdt \qquad (5.3)$$

式中，V 表示河道中的水体体积；C、$C(x+dx)$ 分别表示通过上下断面 A 及 $A(x+dx)$ 的污染物浓度；C_{tour} 表示旅游污水中的污染物浓度；K 表示一阶衰减系数，s^{-1}；L 表示单位长度河道中污染物的源汇项。

经化简，可得：

$$\frac{\partial QC}{\partial x} - \frac{\partial Q_{tour}C_{tour}}{\partial x} = KCA \pm L \qquad (5.4)$$

5.2.2 旅游水环境系统模型

1. 旅游设施污水排放量模型

旅游设施污水排放量（Q_{tour}）主要受旅游设施人均用水量、旅游设施接待游客量、污水排放系数等因素影响。旅游设施污水排放量可用如下公式表示：

$$Q_{tour} = W_{tour}T_{tour}R_{tour} \qquad (5.5)$$

式中，Q_{tour} 表示旅游设施污水排放量（如旅游住宿设施、旅游餐饮设施、游览设施等）；W_{tour} 表示旅游设施人均用水量（L/人）；T_{tour} 表示高峰时段旅游设施接待游客量（人次/h）；R_{tour} 表示旅游设施 i 的污水排放系数。

2. 旅游设施污水入流浓度模型

旅游设施污水入流浓度（C_{tour}）受旅游设施污水排放浓度、旅游设施污水处理方式、污水处理率等因素的影响。旅游活动某种污染物排放量可用如下公式计算：

$$C_{tour} = \frac{S_{tour}}{Q_{tour}} \qquad (5.6)$$

$$S_{tour} = Q_{tour}\mu_{tour}C_D + Q_{tour}(1-\mu_{tour})C_w \qquad (5.7)$$

式中，C_{tour} 表示旅游设施污水入流浓度；S_{tour} 表示旅游设施某种污染物排放量（如总氮、总磷等）；μ_{tour} 表示旅游设施污水处理率；C_D 表示旅游设施污水处理后该种污染物浓度；C_w 表示旅游设施污水处理前该种污染物浓度。

5.2.3 关键技术参数

1. 自然水环境系统参数

自然水环境系统参数包括水力参数和水质参数两方面。水力参数主要包括断面流速、过水断面面积、高程、河道长度和水力糙率系数。水质参数主要包括上断面面积、支流污染物浓度和衰减系数。

控制断面流速：小南川-泾河段共有 3 条支流汇入该河段，通过测定放入河道的漂浮物的流动速度确定 5~10 月小南川-泾河段 3 条支流流速。

过水断面面积：将河道过水断面简化为由河道两边的三角形和中间的几个梯形组成，用水准仪测量出河道断面上几个位置的水深，计算三角形和梯形面积，求和得到河道的过水断面面积。

高程：由于本研究所获 DEM 高程数据分辨率较低（30m），因此利用 GPS 获取典型地物高程，以此修正完善 DEM 数据，可得到全河段高程数据。

水力糙率系数：采用曼宁系数，参考国内外研究成果，根据研究区域的地面特征设定为 0.07。

衰减系数：本研究在充分利用以往的研究成果和实测资料的基础上，对 COD、BOD5 衰减系数，总磷、总氮的日变化，混合排污口的污水水质和旅游设施的废水水质进行了专项监测。本研究确定的水质模型参数见表 5.4。

表 5.4　小南川-泾河段污染物综合衰减系数　　　　（单位：d^{-1}）

参数	COD	BOD5	TN	TP
数值	0.01	0.09	0.05	0.02

支流污染物浓度：通过分时段定点定位监测和室内试验分析相结合，监测入流河段 COD、BOD5、总磷浓度值、总氮浓度值。限于篇幅，只列出总氮和总磷监测浓度值（表 5.5，表 5.6）。

表 5.5　上断面和不同支流旅游季节内总氮浓度值（单位：mg/L）

测定地点	5 月	6 月	7 月	8 月	9 月	10 月
CKA	0.054	0.130	0.200	0.200	0.131	0.060
A1	0.053	0.379	0.700	0.450	0.256	0.059
A2	0.054	0.382	0.705	0.670	0.367	0.060
A3	0.055	0.450	0.840	0.795	0.430	0.061
A4	0.056	0.475	0.890	1.000	0.534	0.062

表 5.6　上断面和不同支流旅游季节内总磷浓度值（单位：mg/L）

测定地点	5 月	6 月	7 月	8 月	9 月	10 月
CKA	0.018	0.020	0.020	0.020	0.020	0.020
A1	0.045	0.050	0.050	0.075	0.063	0.050
B2	0.063	0.067	0.065	0.075	0.073	0.070
A3	0.077	0.087	0.090	0.100	0.093	0.085
A4	0.090	0.125	0.150	0.150	0.126	0.100

2. 旅游水环境系统参数

旅游水环境系统参数主要包括游客人数、人均排水量、污水处理率、污水排放浓度。

　　游客人数：现场调查和历年旅游市场统计数据相结合，确定日最高时段游客量（表5.7）。

表5.7　小南川-泾河段旅游服务设施最高时段接待游客数量

（单位：人次/h）

月份	旅游住宿	旅游餐饮		游览	
	冶家村农家乐	冶家村农家乐	景区摊贩	旅游厕所	六盘山生态博物馆
5 月	135	404	270	253	674
6 月	185	556	370	347	926
7 月	593	1778	1185	1111	2963
8 月	464	1391	927	870	2319
9 月	153	458	305	286	763
10 月	104	311	207	195	519

　　人均排水量：根据参与式观察和问卷调查确定旅游服务设施人均排水量（表5.8）。

表5.8　旅游服务设施人均排水量　　（单位：L/天）

旅游服务设施		用水量
旅游住宿	冶家村农家乐住宿	88.68
旅游餐饮	冶家村农家乐餐饮	29.22
	景区摊贩	17.91
游览	旅游厕所	7.54
	六盘山生态博物馆	6.54

　　污水排放浓度：分时段定点定位监测、室内试验分析，并结合以往的研究成果综合确定。监测项目有COD、BOD5、总磷、总氮（表5.9）。

表5.9　各旅游服务设施污水排放浓度　　（单位：mg/L）

旅游服务设施		总氮（TN）	总磷（TP）	化学需氧量（COD）	五日生化需氧量（BOD5）
旅游住宿	农家乐	65	11	950	150
旅游餐饮	景区摊贩	40	10	1500	180
	农家乐餐厅	65	11	950	150
游览	旅游厕所	80	15	1600	200
	博物馆	35	5	550	100

　　污水处理率：根据研究区旅游服务设施污水排放方式、污水处理设备技术水平和工艺，以及污水监测结果，结合已有研究，确定研究区旅游活动各类型污水

处理率和污水处理后污染物浓度（表 5.10，表 5.11）。

表 5.10　旅游活动各类型污水处理方式和污水处理率

旅游活动类型	旅游活动小类	污水处理方式	污水处理率/%
旅游住宿	冶家村农家乐	化粪池	45
旅游餐饮	景区摊贩	直排	0
	冶家村农家乐餐厅	化粪池	45
游览	旅游厕所	化粪池	100
	博物馆	化粪池	100

数据来源：53 份旅游经营单位调查问卷统计结果

表 5.11　旅游活动各类型经处理后污染物浓度

旅游活动类型	旅游活动小类	处理后污染物浓度/（mg/L）				类型	参数来源
		总氮（TN）	总磷（TP）	化学需氧量（COD）	五日生化需氧量（BOD5）		
旅游住宿	冶家村农家乐	55	9	850	100	化粪池	王红燕等，2009；王玉华等，2008
旅游餐饮	景区摊贩	—	—	—	—	—	—
	农家乐餐厅	55	9	850	100	化粪池	王红燕等，2009；王玉华等，2008
游览	旅游厕所	70	11	950	120	化粪池	王玉华等，2008
	博物馆	30	4	450	80	化粪池	王红燕等，2009；王玉华等，2008

5.2.4　模拟因子辨识

生态旅游区水环境系统模拟因子的辨识，目的在于预测旅游水环境阈值。对于不同的水质因子，其脆弱性不同，基于其承载力的旅游水环境阈值也不相同。模拟每一种水质因子，寻求其变化规律，过于复杂，也没有必要。根据景观安全理论，景观中有某些潜在的空间格局，它们由景观中的某些关键性的局部、位置和空间联系构成，对维护或控制某种生态过程有着异常重要的意义（俞孔坚，1999）。结合旅游区现状、环境现状、评价等级及旅游区环境要求，按下式将 COD、BOD5、总氮和总磷排序后从中选取模拟水质因子（环境保护部环境工程评估中心，2010）。

$$\text{ISE} = \frac{c_p Q_p}{(c_s - c_h) Q_h} \tag{5.8}$$

式中，ISE 表示水质因子的排序指标；c_p 表示污染物的排放浓度，mg/L；c_s 表示污染物的评价标准限制，mg/L；c_h 表示评价河段的水质浓度，mg/L；Q_p 表示旅游废水排放量，m^3/s；Q_h 表示河段的流量，m^3/s。计算结果显示，需模拟的水质参数是 TN。

5.2.5 模型计算与验证

利用美国环保署提供的暴雨径流管理模型软件（storm water management model，SWMM）的传输模块，采用动力波模拟方法，对小南川-泾河河段旅游季节（5~10月）的水量与水质进行模拟计算。由于旅游活动具有明显的季节性，模型模拟的水质指标浓度按月分为 6 个分段函数，模拟值选取最大小时污染物入流量。

模型的有效性要通过模型的调试和检验来验证。采用真实性检验方法来验证模型，主要选取 2010~2011 年 5~10 月小南川-泾河河段 5 个监测点的实测数据进行历史性检验（图 5.6）。在图中，模拟值与观测值对应点距 1∶1 斜率线越近表示模拟值与观测值越吻合。如果所有点都位于 1∶1 斜率线上，代表模拟结果与观测结果完全相同。利用图中模拟值与观测值对应点回归方程可评价模拟效果。结果显示，系统模拟结果与六盘山生态旅游区水流水质动态变化基本一致，回归方程系数是 0.91，$R^2=0.94$（图 5.7）。从总体上看，模型具有较好的模拟能力，基本真实反映了六盘山生态旅游区旅游活动与水环境质量之间的关系，可以作为六盘山生态旅游区水环境情景模拟与预测的依据。

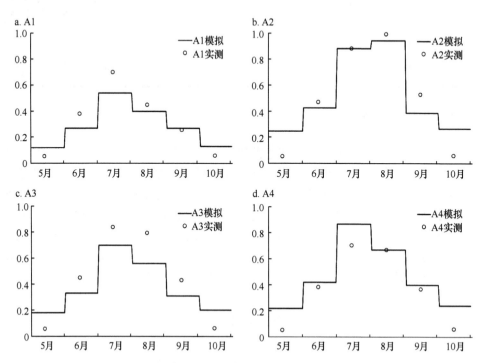

图 5.6 2010~2011 年 5~10 月小南川-泾河河段 A1（a）、A2（b）、A3（c）、A4（d）断面 TN 模拟值与实测均值对比

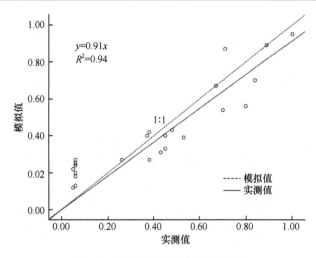

图 5.7　总氮实测值与模拟值对照

5.3　旅游区水质变化对旅游活动干扰的响应模拟

5.3.1　旅游功能分区水质标准

《中华人民共和国自然保护区保护条例》和《地表水环境质量标准》（GB 3838—2002）中规定，国家级自然保护区的水质应控制在Ⅰ类水质范围内；但未针对自然保护区内不同功能分区作相关规定。由于研究区位于六盘山国家级自然保护区实验区内，参考以上标准，结合旅游景观用水要求，本研究确定核心游览区 TN 浓度的理论阈值是 0.5mg/L，缓冲度假区 TN 浓度的阈值是 1mg/L。

5.3.2　污水控制情景方案

随着六盘山生态旅游区旅游管理体系的不断完善、健全，旅游污水处理措施必将提上日程，结合研究区的发展现状和未来潜力，制订六盘山旅游区污水处理情景方案，对旅游区水质生态阈值的趋势进行评估与预测。

以污染物入流量作为主要的驱动力因子，旅游活动各类型污水处理率和污水处理强度对污染物入流量有着决定性的影响。为此，本研究从旅游活动各类型污水处理率（以 C 表示）、旅游活动各类型经处理后污染物浓度（D）两个方面定义了六盘山生态旅游区未来污水控制处理的几个关键情景，以 1、2 和 3 表示低、中、高发展情景。则未来旅游区污水控制处理将有 C1+D1、C1+D2、C1+D3、C2+D1、C2+D2、C2+D3、C3+D1、C3+D2、C3+D3 共 9 种情景方案，取基础情景、C1+D1、C2+D2、C3+D3 4 种情景作为典型研究。情景方案设定见表 5.12 和表 5.13。

表 5.12　旅游活动各类型污水处理率情景方案 （单位：%）

旅游活动类型	旅游活动小类	污水处理率			
		基础情景	C1	C2	C3
旅游住宿	冶家村农家乐	45	60	80	100
旅游餐饮	景区摊贩	0	35	75	100
	冶家村农家乐餐厅	45	60	80	100
游览	旅游厕所	100	100	100	100
	博物馆	100	100	100	100

表 5.13　旅游活动各类型经处理后污染物浓度情景方案

（单位：mg/L）

旅游活动类型	旅游活动小类	处理后 TN 浓度			
		基础情景	D1	D2	D3
旅游住宿	冶家村农家乐	55	40	25	25
旅游餐饮	景区摊贩	—	45	30	15
	农家乐餐厅	55	40	25	15
游览	旅游厕所	70	55	35	15
	博物馆	30	25	20	15

5.3.3　水质变化对旅游活动干扰的响应阈值

　　旅游区水环境阈值可理解为旅游区水环境对负面影响的容限值，是指在某一时期、某种状态或某种条件下，旅游区在保证其水环境系统结构和功能不受破坏的条件下所能承受旅游活动的最大容限值。利用 5.3 节建立的生态旅游区水环境系统模型，在满足 TN 水质标准的条件下，对旅游活动干扰的响应阈值进行模拟，研究结果表明，在基础、低、中、高 4 种污水处理情景方案下，旅游区水质生态阈值呈不断扩大趋势，年均最大旅游环境容量依次为 9769 人次/天、11 918 人次/天、18 122 人次/天和 26 840 人次/天。水质变化对旅游活动干扰的响应阈值具有明显的季节性周期变动和空间差异，具体如下：①在基础情景下，从旅游季节来看，夏季丰水季节阈值达 12 604 人次/天；春秋季节小南川-泾河河段溪水量减少，阈值最小，其中 5 月是 6846 人次/天。据统计，7 月研究区实际游客量是 14 223 人次/天，已经超过总氮生态阈值许可的最大游客量，5 月是 4446 人次/天，未超过阈值。从不同旅游功能区来看，核心游览区年均旅游环境容量为 5780 人次/天，缓冲度假区为 3989 人次/天。②在低方案下，从旅游季节来看，丰水季节最大旅游环境容量达 13 338 人次/天，枯水季节是 8930 人次/天；从不同旅游功能区来看，核心游览区年均旅游环境容量为 6550 人次/天，缓冲度假区为 5368 人次/天。③在中方案下，从旅游季节来看，丰水季节最大旅游环境容量达 23 191 人次/天，枯水季节是 13 838 人次/天；从不同旅游功能区来看，核心游览区年均旅游环境容量为 8026 人次/天，缓冲度假区为 10 095 人次/天。④在高方案下，从旅游季节来看，丰水季节最大旅游环境容量达 36 447 人次/天，枯水季节是 18 363 人次/天；从不同旅游功能区来看，核心游览区年均旅游环境容量为 11 663 人次/天,缓冲度假区为 15 177 人次/天(表5.14)。

表 5.14　核心游览区和缓冲度假区在 3 种情景方案下的最大游客容纳量

（单位：人次/天）

情景方案	基础情景			低方案 C1+D1		
	核心游览区	缓冲度假区	总和	核心游览区	缓冲度假区	总和
5 月	3 732	3 114	6 846	5 598	4 671	10 269
6 月	5 838	3 473	9 311	6 672	5 556	12 228
7 月	6 666	5 055	11 721	7 272	6 222	13 494
8 月	7 734	4 870	12 604	8 001	6 261	14 262
9 月	5 216	4 445	9 661	6 260	6 066	12 326
10 月	5 496	2 976	8 472	5 496	3 434	8 930
全年平均	5 780	3 989	9 769	6 550	5 368	11 918

情景方案	中方案 C2+D2			高方案 C3+D3		
	核心游览区	缓冲度假区	总和	核心游览区	缓冲度假区	总和
5 月	7 511	7 667	15 178	9 618	11 445	21 063
6 月	8 340	10 667	19 007	10 433	13 890	24 323
7 月	10 668	12 523	23 191	18 669	17 778	36 447
8 月	8 484	12 132	20 616	11 676	20 871	32 547
9 月	7 557	9 342	16 899	12 120	16 176	28 296
10 月	5 598	8 240	13 838	7 464	10 899	18 363
全年平均	8 026	10 095	18 122	11 663	15 177	26 840

5.4　小结与讨论

　　本章基于物质平衡原理和动量守恒原理,根据污染物降解转化规律和旅游活动干扰行为模式及旅游区水质变化的干扰响应机制,构建了六盘山生态旅游区水环境系统耦合模型,以模拟旅游行为模式与旅游水环境的动态演变。在此基础上,对不同情景方案下未来水质变化进行了预测评价。研究结果表明:①根据污染物降解转化规律和旅游活动干扰行为模式及旅游区水质变化的干扰响应机制,采用小南川-泾河河段点源、非点源的排污统计资料,旅游服务设施排水特点、排污浓度、旅游者特征建立的生态旅游区水环境系统耦合模型,经真实性验证,具有较好的模拟能力,回归方程系数是 0.91,$R^2=0.94$,基本真实反映了六盘山生态旅游区旅游活动与水环境质量之间的关系,可以作为六盘山生态旅游区水环境情景模拟与预测的依据。②利用生态旅游区水环境系统模型模拟的旅游区水质变化对 4 种污水控制情景下旅游活动干扰的响应阈值研究表明,在基础、低、中、高 4 种污水处理情景方案下,旅游区水质生态阈值呈不断扩大趋势,年均最大旅游环境容量依次为 9769 人次/天、11 918 人次/天、18 122 人次/天和 26 840 人次/天。水质变化对旅游活动干扰的响应阈值具有明显的季节性周期变动和空间差异：①在基础情景下，从旅游季节来看，夏季丰水季节阈值达 12 604 人次/天；枯水季节是 6846 人次/天；从不同旅游功能区来看，核心游览区年均旅游环境容量为 5780 人次/天，缓冲度假区为 3989 人次/天。②在低方案下，从旅游季节来看，丰水季节最大旅游环境容量达 13 338 人次/天，枯水季节是 8930 人次/天；从不同旅游功能区来看，核心游览区年均旅游环境容量为 6550 人次/天，缓冲度假区为 5368 人次/天。③在中方案下，从旅游季节来看，丰水季节最大旅游环境容量达 23 191 人次/天，枯水季节是 13 838 人次/天；从不同旅游功能区来看，核心游览区年均旅游环境容量为 8026 人次/天，缓冲度假区为 10 095 人次/天。④在高方案下，从旅游季节来看，丰水季节最大旅游环境容量达 36 447 人次/天，枯水季节是 18 363 人次/天；从不同旅游功能区来看，核心游览区年均旅游环境容量为 11 663 人次/天，缓冲度假区为 15 177 人次/天。

生态旅游区水环境系统的影响因素、影响机制、变化规律非常复杂，在不同的旅游发展阶段、不同类型旅游区、不同地域都可能有不同的表现形式。本研究仅以旅游业发展初期的六盘山生态旅游区为例，构建了生态旅游区水环境系统模型，下一步研究方向是进行多类型旅游区水环境系统对比分析，深化研究人类旅游活动对旅游水质变化的响应机制和变化规律。

参 考 文 献

环境保护部环境工程评估中心. 2010. 环境影响评价技术导则与标准(2010 年版)[M]. 北京: 中国环境科学出版社.

黄锡荃. 1993. 水文学[M]. 北京: 高等教育出版社.

全华. 2003. 武陵源风景名胜区旅游生态环境演变趋势与阈值分析[J]. 生态学报, 23(5): 938~945.

汪大庆, 王松林, 王子云. 2002. 黄山玉屏楼宾馆中水处理工程[J]. 工业用水与废水, 33(1): 48~49.

王红燕, 李杰, 王亚娥, 等. 2009. 化粪池污水处理能力研究及其评价[J]. 兰州交通大学学报, 28(1): 118~124.

王玉华, 方颖, 焦隽. 2008. 江苏农村"三格式"化粪池污水处理效果评价[J]. 生态与农村环境学报, 24(2): 80~83.

吴必虎. 1998. 旅游系统: 对旅游活动与旅游科学的一种解释[J]. 旅游学刊, 13(1): 21~25.

薛惠锋, 程晓冰, 乔长录, 等. 2009. 水资源与水环境系统工程[M]. 北京: 国防工业出版社.

俞孔坚. 1999. 生物保护的景观生态安全格局[J]. 生态学报, 19(1): 8~14.

钟明霞. 2000. 昆明市宾馆饭店水污染及其控制[J]. 云南环境科学, 19(2): 54~55.

左建兵, 陈远生. 2005. 北京市宾馆用水定额管理研究[J]. 资源科学, 27(5): 107~112.

Bizier P. 2007. Gravity sanitary sewer design and construction[C]. ASCE.

Gössling S. 2001. The consequences of tourism for sustainable water use on a tropical island: Zanzibar, Tanzania[J]. Journal of Environmental Management, 61(2): 179~191.

Manning T. 1996. What Tourism Managers Need to Know: A Practical Guide to the Development and Use of Indicators of Sustainable Tourism[M]. Madrid: World Tourism Organization.

第6章 旅游区可持续发展生态系统调控路径

六盘山生态旅游区人类旅游活动干扰冲击对其生态环境的影响已开始显现，并开始对旅游区生态系统演替及旅游者的游憩体验产生了一定的负面影响。就六盘山旅游区这类自然型旅游区而言，与自然生态系统自发演化的过程不同，旅游区生态系统的优化是人类自觉调控与自然的自发演化相结合的过程，也是生态旅游区自然-社会-经济复合生态系统在动态发展的过程中，保持自身相对稳定有序的一种状态。除了自然生态系统本身具有自我反馈机制和适应能力外，还受到旅游经营者规划建设和经营管理水平、旅游区社区居民参与程度和政府规划调控等多行为主体的影响。因此，遵循生态旅游区生态环境系统演替的基本规律，采取综合性手段进行系统调控，使得旅游区生态环境系统维系在自身弹性范围内，进而建立新的动态平衡，以保证旅游区生态环境系统的正常运行，实现旅游业的可持续发展。

6.1 旅游区生态环境系统调控目标

维持旅游区生态系统的动态平衡是生态旅游区调控的基本目标。这主要体现在两个方面：第一是高效，即物质能量高效利用，使生态系统效益达到最高；第二是和谐，即各组分之间关系的平衡融洽，使生态系统演替的机会最大而风险最小（姬晓娜和朱泮民，2007）。六盘山生态旅游区因地处西部黄土高原生态敏感区和中国最为贫困的宁夏南部西海固地区，其外在表现为旅游区可持续发展与所在区域社会、经济、生态三效益的统一。即通过旅游开发满足地方经济发展之需求，在现实和长远目标中提高旅游区所在地居民的生活水准和生活质量；满足日益增长的游客需求和旅游业发展需求，继续吸引更多的游人，同时为旅游者提供高质量的旅游体验；维护作为旅游发展基本吸引力要素的资源环境质量（包括自然、人文和文化环境要素）；保持或提高旅游业的竞争力和生存力。要实现旅游生态系统的不断优化，达到更高层次上的平衡状态，从而实现更好的社会、经济和生态效益。

6.2 旅游区生态环境系统调控原则

按照2000年《生物多样性公约》缔约方大会所制定的生态系统管理12条原

则（COP5, 2000），就旅游生态环境系统管理而言，归纳包括以下内容。

（1）维持生态系统动态平衡原则：生态旅游区生态系统的控制主要是人为的，而不像在自然生态系统中那样，依靠负反馈机制。这种原则是在考虑到生态旅游区生物多样性、水环境等资源环境状况的条件下，在一定的阈值范围内，使系统保持具有自我调节和自我维持稳定的机制，在生态系统的功能限度内管理生态系统。要保护生态系统的结构和机能，以维持生态系统服务，认识到变化的必然性，寻求生物多样性保护和利用适当的平衡与统一。

（2）调控经济可行性原则：生态旅游区系统调控必须考虑到管理可能带来的利益，因此，通常需要从经济的角度理解和管理生态系统。减少对生物多样性有不利影响的市场扭曲现象；调整奖励措施，促进生物多样性的保护和可持续利用；使特定生态系统的成本和效益内部化，直到实现可行性。

（3）多元主体参与原则：生态系统管理者应考虑其活动对相邻和其他生态系统的（实际和潜在）影响，这是因为土地、水和生物资源的管理目标是一个社会选择问题。要考虑到管理可行性，应将管理权下放到最低的适当一级。因为生态系统过程具有的不同的时间尺度和滞后效应，生态系统管理的目标应当是长期性的，需要相关的社会部门和学科参与。应考虑所有形式的相关信息，包括科学知识、乡土知识、创新做法和传统做法。

（4）可接受改变极限（limits of acceptable change，LAC）原则：这是目前国际上较为公认的解决国家公园和保护区中的资源保护与利用问题的理念。它强调如果允许一个旅游区开展旅游活动，那么资源状况下降就是不可避免的，也是必须接受的。关键是要为可容忍的环境改变设定一个极限，当一个旅游区的资源状况到达预先设定的极限值时，必须采取措施，以阻止进一步的环境变化。这种测度标准体现了积极合理利用，有效保护发展的理念。

6.3　旅游区生态环境系统调控总体思路

旅游区生态系统调控本质上是旅游区旅游生态环境系统管理过程，对于加入了人类旅游活动要素的生态系统管理，这不是一种具体的生态系统管理方法，而是一种综合各种方法来解决复杂的社会、经济和生态问题的生态系统管理策略。

6.3.1　以关键生态环境因子响应规律为依据

旅游区主要生态环境因子变化对旅游活动干扰有着特殊的时空规律和响应机制，这是生态旅游区环境系统调控的重要依据。例如，六盘山生态旅游区目前处于旅游业快速发展的起飞阶段，水环境质量处于轻微恶化向剧烈恶化转变的关键时期。虽然水环境质量对旅游业的发展有较强影响，但也并不意味着要违背旅游业发展的一般规律。这要求在六盘山旅游区构筑高效、生态、绿色的生态旅游发展模式，尽可能以较小的经济、社会和生态环境代价来对旅游区水环境系统进行适当调控，促进旅游系统和水环境系统协调、可持续发展。

6.3.2　以生态旅游的基本理念为指导

生态旅游是"相对于大众旅游（mass tourism）的一种自然取向（nature-based）的观光旅游概念，并被认为是一种兼顾生态环境保护与游憩发展目的的活动"。生态旅游可以以最小的环境冲击，不破坏、不损害并维护可持续发展的生态系统；以最小的冲击与最大的尊重态度对待当地文化；以最大的经济利润回馈当地；给予游客最大的游憩满意度；对于相对未受干扰的自然区域，自身成为对自然区域利用、保护、管理的贡献者；以建立一套适宜的经营管理制度为目标（Valentine，1993）。由于生态旅游区受人的行为所支配，而人的行为又受其观念、意识所支配。因此，在管理部门和旅游者中普及和提高生态旅游意识（包括系统意识、资源意识、环境意识和持续发展的意识等），倡导生态哲学和生态美学，最终克服决策、经营及管理行为的短期性、盲目性、片面性及主观性，从根本上提高生态旅游区的自组织、自调节能力，成为生态旅游区调控最迫切、最重要的一环。

6.3.3　以综合系统调控为重要手段

生态旅游区环境系统的调控，应将"旅游-生态环境"系统作为一个整体，依据"旅游-生态环境"各子系统之间的相互作用和相互反馈机制，通过对旅游活动类型、强度、干扰强度和治理方式等因子的综合调控，来实现旅游业的综合发展，并将其作为合理调控生态旅游区生态环境系统的重要手段。由于旅游活动类型、干扰强度和治理方式等因子本身就是互相联系、密不可分的，对一个要素的调控就会带来其他要素的变化，并引起生态环境系统及其各要素的变化。这其中综合系统调控过程包括规划过程中的宏观管理与调控，建设实施过程中和运营管理中的综合调控等，这涉及各个利益相关者的共同作用，如图 6.1 所示。其中"综合"有三方面含义：一是组织上，组织自始至终都要有旅游区管理者、旅游者、社区居民，以及其他利益相关者的参与；二是方法上，要从自然科学、社会科学等各个领域吸取营养，从系统的横向关系、演化过程及网络结构入手进行深入全面地探讨；三是成果上，在方法上、技术上要有普遍性、可比性和可行性，要促进各类生态旅游区之间的情报交流和信息共享，相互了解如何确定问题和解释结果。

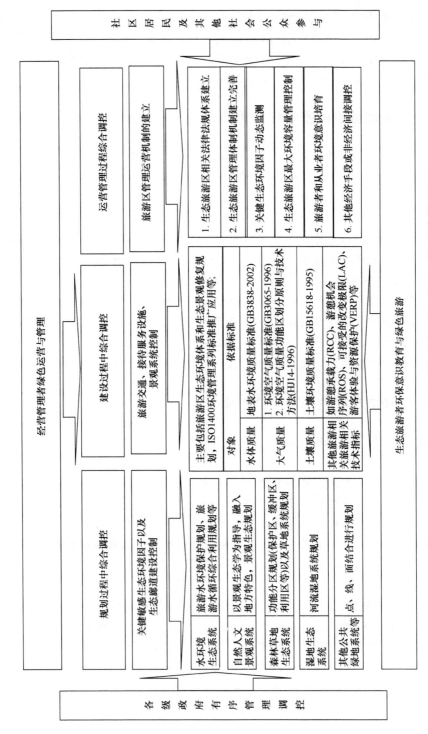

图 6.1 生态旅游区主要利益相关者与生态旅游区生态环境系统调控路径

6.4 旅游区生态可持续发展的系统调控路径选择

旅游区生态系统调控是指生态系统内部某些要素变化或者生态系统外部因素的干扰，打破旅游区生态系统既有平衡状态时，生态系统内各组成要素在生态网络中通过物质交换和能量流动发生相互作用、相互影响，使旅游区生态系统具有消除或减弱扰动所产生的影响和破坏作用，恢复到原有状态或形成新的平衡，以保持旅游区生态系统稳定和平衡的能力。旅游区生态系统的调控机制分为自然调控机制和人为调控机制。由于旅游区生态系统是由人类参与的复合生态系统，旅游区生态系统的自然调控机制是基础，人为调控机制是主导，并对自然调控机制施加影响。这种系统调控主要由生态旅游区各个利益相关者综合作用来体现。从理论上讲，这种利益相关者包括当地社区、旅游企业、自然保护区、当地和中央政府、非政府组织和多边援助机构、学术界和媒体等，不同的利益相关者参与生态旅游的范围、密度、方式、动机各不相同。因此需要在规划和决策过程中将所有的利益相关者都考虑在内（宋瑞，2003；Fennel，2003）。

6.4.1 旅游区经营管理者的绿色运营与管理

1. 规划建设过程

要尊重旅游区自然景观格局，充分运用景观生态学的原理方法指导旅游区规划设计。

（1）生态旅游区功能分区。分区制能够有效缓解不同使用者或利益群体间的矛盾，同时最大可能地保护原有自然环境不受侵害，是一种最为直接有效的保护区管理技巧，这有助于通过对游客的分流，避免旅游活动对保护对象造成破坏，从而使旅游资源得以合理配置和优化利用。对六盘山生态旅游区旅游景观进行功能分区，能依据旅游区的自然地理、生态学特征，其所能提供的游憩体验和承载力，以及相关各利益主体的权益等因素对保护地中全部土地进行分类、赋予特定目标后再予以管理的办法。在严格执行六盘山国家自然保护区保护功能基础上，实行相应的旅游功能分区，明确不同功能区内的旅游开发行为和水环境保护制度。将旅游服务接待区与生态观光游览区分开，旅游接待服务设施要相对集中于核心游览区外，核心游览区在保留最基本的生活消费的基础上，要严格控制餐饮、住宿、康体娱乐等生活娱乐设施。

（2）生态旅游区景观生态设计。对六盘山生态旅游区进行景观生态规划，主要包括对旅游产品市场的需求及特征分析，自然保护区自然、社会要素等基础资料和相关资料的调查搜集，景观分类和对景观结构功能及动态的诊断，然后通过不同类型的结构规划，构建不同的功能单元，从整体协调和优化利用出发，确定景观单元及组合方式，选择合理的利用方式（沙润和吴江，1997）。此外，重点要求保证景观资源的持续利用和旅游斑块的生态设计。实现旅游斑块设计与环境融为一体，人文景观与天然景观共生程度高，真正做到人工建筑的斑块与天然的斑块相协调。旅游基础设施要充分实现生态化，并注意与当地的自然、文化景观的文化特征相协调一致，切忌以生态旅游区化、商业化的浓重气息破坏自然保护区各种景观的原有文化内涵和特色，更应防止一切扭曲文化形象的景观污染事件发生。

（3）开发建设绿色旅游设施。对旅游区（点）、饭店餐厅、交通设施和其他服务设施的建设都必须进行环境影响评估，制定绿化和生态保育规划，落实各项环保措施。旅游区饭店、餐馆、接待中心等各类服务实体的体量、密度、质料、风格、色调等要与当地的地理环境、人文背景和功能用途相协调；旅游区内的建筑物，一般"宜小不宜大，宜低不宜高，宜疏不宜密，宜隐不宜显，宜土不宜洋"；旅游区重点景观区内应禁止修建索道、缆车、滑道等有可能损害景观和环境的人工设施；大力发展可再生能源。大力推广生物能、太阳能、风能等环保型能源在旅游区中的应用。

（4）开发绿色旅游产品。①以本地的特色生态资源为基础，大力开发森林旅游、观鸟旅游、漂流、登山、攀岩、探险等自然旅游产品。在旅游区各类旅游企业，尤其是饭店、餐馆等，推广节水、节电技术，减少废弃物，设置无烟客房、餐厅和会议室，实行绿色经营。各类旅游地实行绿色装修，不使用污染性涂料、器材、家具，少用塑料餐具、提袋。尽量使用自然能源、生态能源（沼气）、清洁能源、无氟制冷。为游客提供生态食品，绿色食品，无污染、无公害食品。②发绿色旅游商品，不生产、不出售用保护动植物制造的旅游食品、用品、纪念品。③发展绿色交通，提倡无污染交通工具，如电瓶车（船）、畜力车、人力车（船），控制汽车、游艇尾气排放。修建环保停车场、绿色停车场，使用无污染生态材料，如石板、卵石、沙子等铺设自然景区的道路。提倡清洁厕所、节水厕所，设置环保厕所，推广生态、沼气厕所。

2. 运营管理过程

（1）加强旅游从业人员环保意识。采取多种形式培训从业人员包括景区领导、基层工作人员、导游和外来旅行社从业人员，提高他们的文化素质和专业技术水平，加强其生态环境意识并宣传环保知识，从而激发旅游者热爱大自然、保护大自然的使命感和自觉性，使其身体力行地成为保护生态环境的先行者。培训内容应涉及生态旅游的概念和功能、景区生态环境概况、历史变迁、国外成功的解译服务经验等系统知识。生态导游的培训要在大众导游的基础上，深入学习森林涵养水源、保持水土、净化大气、生物多样性等生态学知识，并编制本区的生态导游解说词，作为导游人员讲解的依据。建立公告栏、张贴和环境 ICI 相关的报纸和宣传画；购买环境教育的录像带让员工观看；在显著部位张贴环境标语等。尤其是对一些专业性比较强的从业人员要进行专门的能力培训，如污水处理员、环境监测人员和环境规划、环境审核员，生态旅游导游和文物保护人员等；委托具有生态旅游专业的高等院校对旅游管理者开设生态旅游的专业课程，接受专门的生态环境意识教育，聘请生态学、环境科学、生物学、地理学、园林学等方面的专家学者担任旅游区的顾问，定期开设专门的讲座，使管理人员掌握一定的环境规划、环境监测及环境维护的知识与技能，增强其生态环境意识，使他们自觉地将生态环境保护的理念贯穿到旅游区的整体经营决策中。

（2）关键生态环境因子动态监测。环境影响评价（EIA）和环境监测是环境管理的重要组成部分之一，对已开发的生态旅游区，应定期进行环境监测，尽量把对生态环境可能的危害消除在萌芽状态之中。合理的生态环境监测及灾害防控体系的构建对于保证旅游资源持续利用显得非常重要，尤其是随着六盘山生态旅游区规划建设，对于生态敏感环境要素和生态敏感地带监测的重要性更加凸显。可采用先进的环境监测仪器和科学的环境监测手段，定时地对环境进行监测。另外，还要严格进行环境影响评价和环境审计，科学把握环境承载容量。为更准确、超前地实现生态旅游区的环境监测，还要引入 CQE 工程（沙润和吴江，1997），即环境容量调查（capacity investigation）、质量控制（quality control）及演变预测（evolution predication），建立相应的旅游区生态监测定位站，及时掌握游客的时间分布、生态影响过程及环境容量、质量、演变等方面的现状，以便实施有效的生态恢复行动。如表 6.1 展示了世界旅游组织环境监测指标。

表 6.1　如何对生态旅游地作环境监测：可持续旅游核心指标（core indicator）

指标	特别量度
据点保护	依据 IUCN 的据点保护类别
游憩压力	该游憩据点的游客数（尖峰月里每年游客人数）
使用强度	尖峰时期的使用强度（人/公顷）
社会冲击	游客与居民人口比例（尖峰期）
发展控制	是否有据点发展及使用密度的环境稽核与正式管制措施
废弃物处理	该据点废弃物经过处理之比例（及其他指标，据点基础设施之能力等结构性限制，如水供应量）
规划程序	有无观光地区区域规划
关键的生态系	稀有及濒临灭绝物种的数量
消费者满意度	游客满意程度（问卷调查）
地方居民满意度	地方居民满意程度（问卷调查）
观光对地方经济的贡献	全部经济活动中直接来自观光的比例
复合指标	
A. 承载力	影响据点支持不同层次观光活动的能力的主要因子的复合性早期预警度量
B. 据点压力	据点环境影响程度的复合性度量，因观光及相关活动而引起的累积的自然的或文化的影响
C. 吸引力	其他使观光具有吸引力而且会随时间改变的据点环境因子的定性度量

　　数据来源：WTO, 1996

（3）旅游环境容量管理控制。旅游生态容量是指在自然生境系统及要素保持持续生存能力而不受损害的前提下，旅游生态系统所能承受的旅游活动强度指标（用单位土地的游客密度表示）。它的大小取决于生态系统的脆弱程度，往往难以简单判定，但对于维持旅游生态系统的动态平衡状态却具有重要意义。因此，对系统内重要的旅游点，特别是不可再生的脆弱、稀缺的旅游资源地段应进行生态容量的预测，提出控制游客流量的措施。①生态旅游区进行适时扩容提升。主要采取总量控制与环境扩容的管理策略。为了保护自然生态环境，游客的总量应限制在生态容量范围之内，使旅游资源能够承受旅游活动所造成的生态影响而不至于形成永久的破坏。调控的主要措施是根据旅游市场需求，加强游客管理与合理的旅游资源开发，提高旅游景区的环境承载力，扩大旅游区的环境容量。其次有针对性地采取景区容量管理策略。要按照国家《景区游客容量管理技术导则》的要求，有目的的进行旅游景区容量控制。②灵活解决季节性饱和或超载问题，可以采取或加大淡旺季门票差价及其他优惠政策，平抑旅游区旅游流的季节性波动较大所带来的旅游环境容量季节性饱和或超载影响。景区也可以采取门票预约等方式对景区接待旅游者的数量进行控制。另外景区还应当采取其他措施控制流量，如：合理设计景区内的游览线路，提高旅游者的流动率；设置明确、清晰的景区指示牌，避免误导旅游者，造成不必要的拥堵；提前、及时公布景区流量，保持景区流量信息实时畅通，供旅游者选择和参考；合理设计旅游者排队的方式和途径。③重点解决结构性饱和或超载问题，一方面应根据六盘山生态旅游区内各景区的生态容量，合理调整游客分布，即对旅游区中游客分布状态进行控制，当热点景区游客超量时，要立即采取措施对游客进行分流，对生态敏感地段，可控制开放时间以减少生态干扰。另一方面可以加强管理与疏导，以及景区轮休制度，减少由于游客过于集中于某几个景区所带来的局部性环境容量饱和或超载的问题。④建立景区容量调控机制。由于旅游容量的复杂性，要及时有效地对生态旅游区旅游环境容量进行调控，必须建立科学的调控机制，使不合理的旅游活动及产生的问题得到及时控制，其中主要包括预警机制、决策机制、反馈机制、管理协调机制等。首先建立预警机制。主要依据容量监测指标因子的变化情况及客流数量的增长速度、集中程度等进行。先为各个指标确定可以接受的标准，再通过指标向可以接受的极限方向变化的速度和接近的距离来发出预警。依据所选指标现有的总体状况和趋势，预警信号还可以进一步划分成不同的警示级别，如一级、二级、三级等。在景区的入口、通向各个景点的路口、景点内设立电子显示牌，显示不同时段、不同景点之间的客流量大小情况，给旅游者提供最及时的旅游信息；同时，定时或不定时地给旅游者提供建议旅游项目和可选旅游线路，使客流量在同一时段不同景点之间进行合理的调配，避免出现同一时段个别景点人满为患，而另一些景点则门可罗雀的状况。其次，建立决策机制。这主要用于解决现有的环境问题和预警问题如何处理，即如何做出决定及决定什么样的调控手段方法的问题。由于提出可供选择的调控途径手段有很多，涉及的相关知识与相关部门也很多，仅靠景区管理者是难以保证选择出最佳途径方法的。一般来说，应该建立一个由专家学者、管理者、技术人员、社区代表等共同组成的决策组，并征求各方面的意见。第三，建立反馈机制。调控效果的及时反馈能够使预警指标体系、调控手段不断优化，反馈的实现主要是通过指标监测的信息反馈实现的，同时还须调查游客及居民等利益相关者的意见。反馈机制的效果在于检验决策的正确性和保障调控措施的实施。第四，建立管理协调机制。容量管理调控工作，至少涉及旅游管理部门、旅游经营商、旅游者、居民等不同人群，旅游管理部门又分为直接主管部门与高层管理部门。各方之间一方面需要互相协调、信息传递；另一方面各部门又存在管理与被管理的关系，所以容量管理调控工作是一个交错复杂的系统性工作。在现实工作中，必须协调利益相关者，如旅游经营者（或导游、当地居民等），推进管理调控工作。

（4）建立健全旅游区管理的体制机制。六盘山规划建设涉及多个企事业单位部门，包括六盘山自然保护区管理局、六盘山生态旅游区管理局、六盘山旅游开发公司、固原市水务局、固原市环境保护局等，这些单位各自为政，导致六盘山生态旅游区的生态环境保护处于多头管理状态。完善旅游区管理机制体制，应建立生态旅游区统一管理机构，实现旅游环境管理的部门间的集成、管理内容的集成、管理对象的集成，建成旅游环境管理、保护、治理为一体的综合管理体制。

6.4.2　各级政府有序管理和调控

六盘山生态旅游区仍处于旅游业发展的观光旅游阶段，由于旅游业发展的固有特点，政府宏观调控对生态环境管理也有重要作用。

（1）加强旅游区生态环境规划指导。政府要加强对六盘山生态旅游区规划的评审、指导、督促。征求环保及其他有关行政主管部门的意见，编制或修编旅游区开发建设规划，设立生态环境保护的规划专章。在旅游开发建设规划编制过程中，应当按照《环境影响评价法》的要求，认真做好环境影响评价工作。并且，相关部门应积极督促和指导旅游生态环境保护规划内容的贯彻落实。

（2）加强完善旅游区环境立法执法。加强立法工作，加大执法力度，以法律手段保证六盘山生态旅游区的可持续发展。全面贯彻《旅游法》对旅游资源与生态环境保护的相关规定，以法律形式进行规范和管理。建立部门联合协调工作机制，加强对生态旅游区旅游项目和旅游活动的环境监督，严格执法和遵守《环境保护法》、《森林法》、《文物保护法》、《野生动植物保护法》等与旅游密切相关的环境保护法律和法规、标准和规范，要建立、健全相应的规章制度和考核办法，有效防止旅游及其开发和经营中的环境污染和生态破坏。并针对旅游业对环境影响有潜在性、持续性和累计性的特点，增加补充规定。地方政府和旅游有关部门应认真学习和贯彻执行有关的法律、法规，增强法制观念，例如对六盘山旅游区的开发，要根据环境法律，规定哪些部分严禁开发，哪些部分可以开发，以及开发的规模、开放的季节和可接待的人数等。又如规定哪些地区禁止带火种，禁止狩猎和毁坏林木，禁止遗弃垃圾和生活用品。对违法侵害自然资源者，加大执法力度，使其承担相应的民事和刑事责任。

（3）重视经济手段的间接调控作用。主要包括：①资源环境税。是根据环境资源有偿使用的原则，由国家向开发利用环境资源的单位或个人，依照开发利用量收取的相当于部分或全部价值的货币补偿。②排污收费制度。政府对旅游区内污染环境的企业按其污染程度收取环境治理费用，使排污企业自身承担治理污染的成本。③押金制度。可以通过预收旅游者、消费者押金的方式，促使旅游者、消费者把某些可能造成污染的固体废物退还到指定部门，然后领回押金，以此达到减少污染和废物利用的目的。④财政补贴。政府对有利于保护环境的旅游经营者的经济行为给予补贴，鼓励旅游企业采取保护旅游生态环境的生产方式。⑤处罚制度。可以对违反环境法律法规的旅游企业经济行为进行经济处罚。

（4）逐步引入国际环境管理系列标准。目前由世界标准化组织（ISO）最新推出的环境管理系列标准为ISO14000，该标准从14001~14100，共100个标准号。实施ISO14000的目的：规范、约束旅游区规划建设和管理运营环境行为，以实现节约资源、减少环境污染、改善环境质量和促进经济的持续、健康发展的目标。要通过引入ISO14000标准规范，指导旅游区旅游项目的建设和经营，积极引导旅游经营者参与ISO14000国际环境管理体系认证和生态环境保护示范旅游景区的创建，加快旅游生态环境保护工作与国际接轨的步伐。

（5）构建生态补偿机制。探索建立生态补偿机制是实现旅游区资源合理开发与旅游可持续发展的保障。在六盘山旅游区规划建设和开发运营中，应建立"有偿开发利用、有偿使用"的制度和"谁开发谁保护、谁破坏谁恢复、谁利用谁补偿"的生态补偿机制。政府可通过多元化的税、费结合，间接实现生态价值，如通过排污收费、特许经营、资源税等方式来实现六盘山自然旅游资源价值。对自然旅游资源的开发利用者征收一定的补偿费；对外部性的其他受益者，应根据成本等于收益的原则，收取相应的补偿费；对六盘山管理局的生产者（培植者），应以生态补偿的形式将外部效益转移给生产者。

6.4.3 社区居民教育培训与积极参与

六盘山生态旅游区是国家旅游局建立的首个旅游扶贫示范区，要积极探索建立当地居民参与旅游开发的机制,将当地居民的切身利益与旅游业的发展紧密联系起来。通过旅游业发展,增强当地社会居民保护环境的意识,促进对当地传统文化历史遗产的整理、保护、弘扬和发展,帮助贫困人口发展能脱贫致富的产业,促进当地生态环境和旅游资源的长期持续利用。①实施参与式旅游规划与决策。社区生态旅游发展的主要目的之一就是要提高和改善社区经济与社会活力。在生态旅游规划开发过程中我们应充分考虑当地居民的利益,在规划的初级阶段要强调保护区居民的积极参与,建立生态旅游发展方向及规划等咨询及投票活动,通过农户拜访、村民会议等方式,听取保护区居民的意见,并使他们了解生态旅游规划及其进展情况,与保护区居民一起制定开发计划,保证其位于规划决策的主要地位,而不能只把他们当成附庸品。②鼓励社区居民参与生态旅游。成熟的社区需要有完善的激励机制鼓励社区居民积极参与。为补偿因旅游给当地居民带来的不便和损失,应保证当地居民的优先被雇用的权利,为他们提供更多的就业机会。为当地居民提供商业机会,鼓励他们积极参与到旅游项目开发与建设中,并给予相关政策上的优惠,使当地居民在经济和经营管理上有能力参与到旅游开发中来。③重视社区居民培训和教育。要对旅游从业人员进行培训,包括技能和观念上的培训。对全体居民进行教育宣传,提高居民的生态旅游意识和环境观念,增强居民在生态旅游发展中的参与能力和技能,规范居民的旅游服务活动,使之尽量标准化、规范化。重视相关信息沟通。定期以公告、简报、展示牌等方式宣传保护区生态旅游管理和发展新动向,定期开展座谈会加强旅游管理人员与社区居民的信息沟通,及时收集社区居民对生态旅游发展的意见和建议,并通过一定的反馈机制予以答复。

6.4.4　旅游者环境意识培育与参与

对游客开展全程的生态环境教育。旅游者是旅游活动的主体,从一定意义上说,提高旅游者生态环境意识是旅游区得以持续发展的关键。①建立旅游区景区环境解说系统(environmental interpretation system),通过标本、图片、影视、录相及宣传资料普及生态旅游知识,全程实行生态教育,寓教于游是实现这一目标最直接、最有效的手段之一。②设立具有生态环境教育功能的基础设施。如位于景观旁边的环境保护宣传板,提醒生态旅游者注意环境卫生的告示牌、建立关于生态环境景观的相应统一、规范的人工或电子解说系统,方便并与环境协调的废物收集系统等。③充分利用多媒体宣传信息。使生态旅游者接受多渠道的环保意识教育,包括门票、导游图、导游册上添加的环保知识和注意事项。④引导游客进行绿色消费。鼓励游客选择有绿色环保标志的宾馆,不使用宾馆提供的一次性用品;爱护动植物,不购买影响当地自然的旅游纪念品;减少过量消费,减少垃圾量，在游客进入时发放废品收集袋，并鼓励游客将垃圾从景区带出来等；采取一定的惩治手段，对破坏生态环境的生态旅游者进行教育并适当罚款。⑤提供标有"带走的是照片，留下的是脚印"的方便并与环境协调的废品收集器等。

参 考 文 献

姬晓娜, 朱泮民. 2007. 生态旅游区的景观生态问题及其调控[J]. 生态学杂志, 11: 1884~1889.

梁锦梅. 2001. 生态旅游地开发与管理[J]. 经济地理, 21(5): 629~632.

刘家明. 1998. 生态旅游及其规划的研究进展[J]. 应用生态学报, 9(3): 327~331.

沙润, 吴江. 1997. 试论旅游景观生态设计的基本原则[J]. 南京师范大学学报, 20(4): 72~77.

舒伯阳, 张立明. 2001. 生态旅游区的景观生态化设计[J]. 湖北大学学报, 23(1): 93~95.

宋瑞. 2003. 生态旅游: 多目标多主体的共生[D]. 北京: 中国社会科学院研究生院.

COP5 (Fifth Ordinary Meeting of the Conference of the Parties to the Convention on Biological Diversity). 2000. Decision v/6 [EB/OL]. http://www.biodiv.org/doc/decisions/COP05decen.pdf. [2015-9-9]

Fennell D. 2003. Ecotourism[M]. 2nd Edition. London: Routledge.

Freeman R E. 1984. Strategic management: a stakeholder approach[M]. Prentice-Hall: Englewood Cliffs

Stewart M C. 1993. Sustainable tourism development and marine conservation regimes[J]. Ocean & Coastal Management, 20(3): 201~217.

Valentine P S. 1993. Ecotourism and nature conservation: a definition with some recent developments in Micronesia[J]. Tourism Management, 14(2): 107~115.

WTO. 1996. What tourism managers need to know: a practical guide to the development and use of indicators of sustainable tourism[M]. New York: TSO.

第7章 未 来 展 望

本研究基于六盘山生态旅游区作为泾河源头和黄土高原生态敏感区的特殊重要地位,以旅游地理学为基础,采用环境科学、资源科学及系统科学等学科的方法和手段进行综合集成,探讨在人类短时限、高强度的旅游活动干扰下,六盘山生态旅游区水质变化的时空响应过程及其机制,模拟分析了旅游区水环境负荷的饱和响应阈值,预测和评估了未来旅游区水质变化趋势,提出了旅游区水环境系统调控路径。本研究对于促进六盘山生态旅游区水环境保护和利用,丰富旅游生态学的基础理论和方法研究,深化全球变化背景下人类活动对西北生态敏感区环境效应的认识和理解有重要的理论和实践价值。

在六盘山生态旅游区水质演变对旅游活动干扰响应及模拟研究过程中,由于旅游水环境系统和自然水环境系统的复杂性,加上缺少连续性、高精度的自然地理和社会经济统计数据,以及研究时间的紧迫性,本研究虽然初步建立了六盘山生态旅游区水环境系统模型,但理论和方法研究体系仍需进一步完善。①缺乏长期定时定位水质监测数据:旅游区水环境系统模拟涉及自然、社会、经济等多方面要素,需要长期的、连续的、全方位的、高精度的数据库为支撑。由于研究区旅游业起步较晚,缺乏连续的、高精度的自然地理、社会经济统计数据,加上本研究时间紧迫,难以全面监测、调查以上情况。因此本研究在进行旅游区水环境系统模拟时,重点分析旅游水质月际最大变化,没有考虑旅游区水质的时变化、日变化,下一步应加强长期、连续的水质监测。②生态旅游区水环境系统模型还需进一步完善。本研究在旅游活动对旅游区水质的干扰行为模式及旅游区水质变化对旅游活动干扰的响应过程基础上,构建了六盘山生态旅游区旅游水环境系统与自然水环境系统耦合模型。考虑到模型的适用性,并充分考虑参数的可获取性,研究选取了相应的自然水环境系统模型,并构建了旅游水环境系统模型。但在模型选取和构建过程中可能会有遗漏的因素,今后还需要进一步地思考和完善。

鉴于生态旅游区水环境系统研究的理论和实践意义及论文研究的不足,认为下一步应继续完善生态旅游区水环境系统的理论和方法体系,并优先进行以下内容研究。①改进生态旅游区水环境系统模型:在旅游活动对旅游区水质变化的作用机制指导下,进一步从旅游面源污染的角度,完善旅游活动的干扰行为模式研究,加强旅游区水质分日、分时变化模拟,构建更加合理的生态旅游区水环境系统模型。②寻找生态旅游区水环境系统调控的有效途径。本研究对生态旅游区水环境系统调控路径从旅游水环境管理体系、旅游水环境承载力预警机制、水污染处理规划设计等方面加以论述，然而对于结合环境基础设施空间布局的调控办法，并没有给出明确的建议。今后还需要在环境基础设施可行性分析、空间配置等方面进一步研究，为旅游管理部门提供切实可行的调控手段。

附 录 1

六盘山践踏实验样区主要地被植物名录

科名	属名	种名及拉丁名
菊科	蒲公英属	蒲公英 *Herba taraxaci*
	风毛菊属	细齿风毛菊 *Saussurea katochaete*
	香青属	香青 *Anaphalis sinica*
	蒿属	辽东蒿 *Artemisia verbenacea*
莎草科	莎草属	莎草 *Cyperus* spp.
	薹草属	薹草 *Carex* spp.
毛茛科	银莲花属	银莲花 *Anemone cathayensis*
	毛茛属	小毛茛 *Ranunculus ternatus*
蔷薇科	委陵菜属	委陵菜 *Potentilla chinensis*
	委陵菜属	莓叶委陵菜 *Potentilla fragarioides*
	委陵菜属	鹅绒委陵菜 *Potentilla anserina*
	龙牙草属	龙牙草 *Agrimonia pilosa*
	苹果属	山荆子 *Malus baccata*
	李属	稠李 *Prunus padus*
	草莓属	东方草莓 *Fragaria orientalis*
	蛇莓属	蛇莓 *Duchesnea indica*
	水杨梅属	水杨梅 *Geum urbanum*
豆科	山黧豆属	牧地山黧豆 *Lathyrus pratensis*
	野豌豆属	广布野豌豆 *Vicia cracca*
	草木樨属	草木樨 *Melilotus officinalis*
禾本科	冰草属	冰草 *Agropyron cristatum*
伞形科	胡萝卜属	野胡萝卜 *Daucus carota*
松科	落叶松属	华北落叶松 *Larix principis-rupprechtii*
茜草科	拉拉藤属	猪殃殃 *Galium linearifolium*
车前科	车前属	车前草 *Plantago asiatica*
大戟科	大戟属	泽漆 *Euphorbia helioscopia*
堇菜科	堇菜属	毛果堇菜 *Viola collina*
荨麻科	荨麻属	宽叶荨麻 *Urtica laetevirens*
牻牛儿苗科	老鹳草属	鼠掌老鹳草 *Geranium wilfordii*
紫草科	琉璃草属	琉璃草 *Cynoglossum zeylanicum*
龙胆科	龙胆属	假水生龙胆 *Gentiana pseudo-aquatica*
卫矛科	卫矛属	矮卫矛 *Euonymus nanus*
十字花科	碎米芥属	白花碎米荠 *Cardamine leucantha*

附 录 2

《游客水环境行为模式研究》游客调查问卷

尊敬的受访者：您好！

我们受中国科学院"游客水环境行为模式研究"课题组的委托，开展六盘山旅游区游客调查，诚邀您填写本问卷。您的意见或建议对完善六盘山旅游区水环境管理体系、促进旅游业与环境的协调发展十分重要。本问卷不记名，内容仅用于课题研究。

十分感谢您真诚的配合和积极的支持！

中国科学院"游客水环境行为模式研究"课题组

2011 年 10 月

****

填制说明：选择题请在选项前的"□"内画√，未加其他说明均为单选题。

一、个人基本情况

1. 性别：
   □男　□女
2. 您的年龄：
   □20 岁以下　□20~30 岁　□30~40 岁　□40~50 岁
   □50~60 岁　□60 岁以上
3. 您的常住地：_____省_____市_____区（县）
4. 您受教育程度：
   □小学及以下　□初中　□高中/中专　□大专/本科　□研究生及以上
5. 您的职业：
   □机关干部，企、事业单位负责人　□个体户　□专业技术人员
   □行政人员　□公司职员　□工人　□农民　□学生　□退休　□军人

其他：_____

6. 您的月收入：
□1000 元以下　　□1000~2000 元　　□2000~3000 元
□3000~4000 元　　□4000 元以上

二、旅游情况

1. 您在六盘山旅游区停留的时间是：
□1 天　　□2~3 天　　□3~5 天　　□5 天以上

2. 您此次出游的目的：
□观光游览　　□休闲度假　　□商务会议　　□科学考察　　□其他：_____

3. 您来六盘山选择的交通工具：
□自驾车　　□旅游巴士　　□省（县）际客车　　□火车—客车　　□飞机—客车

4. 您来六盘山的交通路线：
□居住地—银川—泾源　　□居住地—固原—泾源
□居住地—平凉—泾源　　□居住地—泾源
□其他：_____

5. 您此次旅行的旅游景点包括：
□六盘山国家森林公园（凉殿峡、小南川）　　□野荷谷　　□老龙潭
□二龙河　　□胭脂峡　　□红军长征纪念馆　　□崆峒山　　□火石寨
□盐湖　　□须弥山石窟　　□沙湖　　□其他：_____

6. 您此次六盘山之行的旅游方式：
□参加旅游团　　□单位组织　　□朋友结伴　　□家庭成员　　□个人旅游
□其他：_____

7. 您此次六盘山之行计划花费：
□500 元以下　　□500~1000 元　　□1000 元以上

8. 在上述花费中，用于下述各方面的费用：
□餐饮_____元　□住宿_____元　□交通_____元
□景点门票_____元　□休闲娱乐_____元

9. 您选择的住宿类型：
□农家乐　　□旅游宾馆　　□高档度假山庄　　□当日返回，不住宿

10. 您选择的就餐方式：
□农家饭　　□普通餐馆　　□高档度假山庄餐饮部　　□自带食品

感谢您的积极配合，您的建议和意见非常珍贵。再次对您的合作表示感谢！
调查员：　　　　　　调查地点：　　　　　　调查时间：